与最聪明的人共同进化

湛庐 CHEERS

HERE COMES EVERYBODY

U0349556

The
Strange
Order
of
Things

万物的古怪秩序

Antonio Damasio

[葡] 安东尼奥·达马西奥 著

李恒威 译

浙江教育出版社·杭州

ANTONIO

DAMASIO

解码人类情绪脑
开启感官新时代

安东尼奥·达马西奥

01　掀起情绪革命浪潮的神经科学家

安东尼奥·达马西奥是公认的神经科学思想领袖，他是美国南加州大学神经科学、心理学和哲学教授，也是美国艺术与科学学院、美国国家医学院、欧洲科学与艺术学院院士。

长期以来，人们普遍认为情绪会扰乱一个人的推理和决策：古代的哲学家大都认为情绪是理性思考的杂音，是一种多余的心理能力；早期经典决策理论的假定也与之相似，认为人们所做出的决策是完全理性的；20世纪认知科学的兴起更是让科学家们把注意力放在了认知模型和推理过程上。

然而，既是临床医生又是神经科学家的达马西奥通过研究得出了截然不同的结论，他认为人类的理性决策离不开对身体情绪状态的感受。这一论断简单却有力，从根本上颠覆了支配西方几百年的身心二元论。

他在首部著作《笛卡尔的错误》中对此做了详细讨论。由于书名较为尖锐，达马西奥原本只是希望可以安静地陈述观点，只要不被人轰下台就好。但意想不到的是，这本书受到了众多读者的支持和欢迎，已被翻译成20多种语言，畅销全球30多个国家。达马西奥带来的情绪感革命浪潮，也使得心理学、神经科学、经济学、哲学、社会学、管理学、政治科学等众多学科的关注点发生了转变。

02　解密科学史上最经典案例的模范夫妻档

达马西奥的妻子汉娜·达马西奥也是一位杰出的神经科学家，她在脑成像和损伤分析领域建树颇丰。两人携手走过了50年的科研之路，堪称科研界的模范夫妻档，他们曾经模拟出了神经科学史上最有名的病人之一盖奇的受伤场景。

当年，25岁的盖奇在美国佛蒙特州铁路工地工作时发生意外，一根铁棍从他的颧骨下方刺入，又扎穿了他的眉骨，穿透头颅，但他却在严重的脑损伤后奇迹般地存活了13年。更为引人注目的是，盖奇在经历了脑损伤以后，脾气秉性、为人处世的风格等发生了巨大的转变，与从前判若两人。这让盖奇成

了科学界研究的热点。

　　达马西奥夫妇为了完成有关情绪工作的整套理论，对盖奇和其他几位额叶缺失患者进行了深入研究，试图寻找盖奇人格翻天覆地的变化的原因。最终他们得到了满意的结论，并且让这项研究登上了 1994 年的一期《科学》杂志的封面。这奠定了当代认知神经科学的基础。

03 极客型资深音乐发烧友

　　除了研究大脑，达马西奥还爱好艺术，他平时喜欢收集自己的作品在各国的不同版本，而妻子汉娜的业余爱好则是制作雕塑，两人对艺术的兴趣促使他对情绪有着比常人更深刻的理解。他与汉娜创立了大脑与创造力研究院，并在其中专门设立了音乐厅，希望通过音乐会的形式探讨情绪在艺术创作以及儿童教养方面的重要作用。

　　2009 年，达马西奥联手知名大提琴演奏家马友友，在美国自然历史博物馆举行了一场音乐公演。公演以达马西奥的著作《当自我来敲门》为题，演奏期间，舞台屏幕上同步呈现了炫丽的大脑成像图。

　　知名作曲家布鲁斯·阿道夫曾说："达马西奥教授的科学著作为作曲家提供了生动的描述，进而对音乐创作带来了结构性影响，他诗性的语言也为音乐等抽象表达方式预留了必要的空间。"

04 影响力遍及全球的思想引领者

达马西奥在神经科学研究的第一线奋战了几十年，获奖无数。他提出的躯体标记假设启发了欧美诸多神经科学实验室研究人员的思路，并为理解情绪、感受和意识背后的大脑运行方式作出了重要贡献。

在神经科学领域外，他的研究成果还被其他学科的许多研究者引用，美国科学信息研究所称其为"最高被引学者"之一。他影响的学者包括诺贝尔生理学或医学奖得主大卫·休伯尔、诺贝尔经济学奖得主弗农·史密斯、著名哲学家汉斯·约阿西姆·施杜里希等。达马西奥的名字还曾被写入施杜里希所著的《世界哲学史》，成为让二十世纪哲学思想发生转变的标志性人物。

正是这样的跨界影响使得达马西奥的作品能够长踞心理学、脑科学、哲学、社会学、国际关系与管理学等领域经典书单之中。他的最新作品《万物的古怪秩序》读者提供了一种理解生命、情感和文化起源的新方法，帮助我们重新理解这个世界以及我们在其中的位置。这位享誉世界的神经科学家总能给我们带来惊喜与大思考。

达马西奥"情绪与人性"系列

作者演讲洽谈，请联系
speech@cheerspublishing.com

更多相关资讯，请关注

湛庐文化微信订阅号

湛庐 CHEERS 特别制作

献给汉娜
For Hanna

我满怀情感看见它。

——格罗斯特伯爵对李尔王的回答
（莎士比亚《李尔王》，第四幕，第六场）

果实是瞎的。在看的是这棵树。

——勒内·夏尔

从理性和感性走向演化理性

——序达马西奥著作五部曲中译本

汪丁丁

北京大学国家发展研究院经济学教授

大约15年前，我陪诺贝尔经济学奖得主弗农·史密斯（Vernon Smith）在友谊宾馆吃午餐，他来北京大学参加中国经济研究中心十周年庆典的系列演讲活动。闲聊一小时，我的印象是，给这位实验经济学家留下较深印象的脑科学家只有一位，那就是达马西奥。其实，达马西奥至少有三本畅销书令许多经济学家印象深刻，其中包括索罗斯。大约2011年，索罗斯想必是买了不少达马西奥的书送给他的经济学家朋友，于是达马西奥那年才会为一群经济学家演讲，并介绍自己2010年的新书《当自我来敲门》（*Self Comes to Mind: Constructing the Conscious Brain*，我建议的直译是"自我碰上心智：意识脑的建构"），同时主持人希望达马西奥向经济学家们介绍他此前写的另外两本畅销书，即《寻找斯宾诺莎》（2003）和《笛卡尔的错误》（1995），后者可能也是索罗斯最喜欢的书。索罗斯总共送给那位主持人三本《笛卡尔的错误》。笛卡尔是近代西方思想传统的"理性建构主义"宗师，所以哈耶克追溯"社会主义的谬误"至360年前的笛卡尔也不算"过火"。索罗斯喜爱达马西奥，与哈耶克批判笛卡尔的理由是同源的。

脑科学家达马西奥，在我这类经济学家的阅读范围里，可与年长五岁的脑科学家加扎尼加相提并论，都被列为"泰斗"。术业有专攻，达马西奥主要研究情感脑，而加扎尼加主要研究理性脑。"情感"这一语词在汉语里的意思包含了被感受到的情绪，"理性"这一语词在汉语里的意思远比在西方思想传统里更宽泛，王国维试图译为"理由"，梁漱溟试图译为"性理"（沿袭宋明理学和古代儒学传统），我则直接译为"情理"，以区分于西方的"理性"。标志着达马西奥的情感与理性"融合"思路的畅销书，是1999年出版的《感受发生的一切》（*The Feeling of What Happens*，我的直译是："发生什么的感觉：身体与情绪生成意识"）。达马西奥融合理性与感性的思路的顶峰，或许就是他2018年出版的新书《万物的古怪秩序》（*The Strange Order of Things：Life, Feeling, and the Making of Cultures*，我的直译是："世界的奇怪秩序：生命、感受、文化之形成"）。

在与哲学家丽贝卡·戈尔茨坦（Rebecca Goldstein，史蒂芬·平克的妻子）的一次广播对话中，达马西奥承认斯宾诺莎对他的科学研究思路有根本性的影响，甚至为了融入斯宾诺莎，他与妻子[1]专程到阿姆斯特丹去"寻找斯宾诺莎"。他在《寻找斯宾诺莎》一书的开篇就描写了这一情境：他和

---

[1] 达马西奥的妻子名为汉娜，是《脑解剖图册》（*Human Brain Anatomy in Computerized Images*）的主编，她在脑科学领域的名望不亚于达马西奥。

她，坐在斯宾诺莎故居门前，想象这位伟大高贵的思想者当时如何被逐出教门，又如何拒绝莱布尼茨亲自送来的教授聘书；想象他如何独立不羁，终日笼罩在玻璃粉尘之中打磨光学镜片，并死于肺痨。如果这两位伟大的脑科学家知道陈寅恪写于王国维墓碑上的名言——"惟此独立之精神，自由之思想，历千万祀，与天壤而同久，共三光而永光"，可能要将这一名言写在《寻找斯宾诺莎》一书的扉页。

斯宾诺莎的泛神论、斯宾诺莎的情感学说、斯宾诺莎的伦理学和政治哲学，对达马西奥产生的影响，不论怎样估计都不过分。晚年达马西奥的问题意识，很明显地从神经科学转入演化生物学和演化心理学，再转入"文化"或"广义文化"（人类以及远比人类低级的生物社会的文化）的研究领域。文化为生活提供意义，广义文化常常隐含地表达着行为对生命的意义。最原始的生命，其演化至少开始于10亿年前的真核细胞。达马西奥和我都相信（参阅我2011年出版的《行为经济学讲义》），最早的生命是"共生演化"（symbiosis）的结果。并且，我们都认为广义文化的核心意义是"合作"——我宣称行为经济学的基本问题是"合作何以可能"。达马西奥认为关于合作行为的"算法"是10亿年演化的产物，虽然这样的广义文化将世界表达为一套"古怪的秩序"。例如，在原核细胞的演化阶段（大约20亿年前），很可能"线粒体"细胞与"DNA"细胞相互吞噬的行为达成僵局，于是共生演化形成真核细胞，而这样的细胞，基于共生演化或合作，确实看起来很奇怪。他把这一猜测写在2018年的新书里。不过，早在2011年，哈佛大学诺瓦克（Nowak）小组的仿真计算表明，在几千种可能的"道德"规范当中，只有几种形成合作的规范是"演化优胜"的。

最原始的生命，例如由细胞膜围成的内环境，只要有了"内环境稳态"（homeostasis）[①]，只要在生存情境里有可能偏离这一稳态，就有试图恢

---

① 简称为"内稳态"，正文统一使用了"内稳态"一词。——编者注。

复这一稳态的生命行为，不论是否表达为"情绪"、"表象"或"偏好"（喜欢与厌恶）。因此，生命行为或（由于算法）被定义为"生命"的任何种类的行为，可视为是"内平衡"维持自身的努力，物理的、化学的、神经递质的，于是，在物理现象与生命现象之间并不存在鸿沟。根据演化学说，在原始情绪与高级情感之间也不存在鸿沟。在融合思路的顶峰，达马西奥推测，从生命现象（"脑"和"心智"）涌现的意识现象，以及从意识现象（基于"自我意识"）涌现的"精神现象"，都可从上述的演化过程中得到解释。个体与环境的这种共生关系，不妨用这篇序言开篇提及的经济学家史密斯的表达，概括为"演化理性"，又称为"生态理性"。

精神现象，在20世纪的"新精神运动"之前的数千年里，主要表达为"宗教"——个体生命融入更高存在的感觉以及由此而有的信仰，还有信仰外化而生的制度。在当代心理学视角下，任何生命个体都需要处理它与环境之间的关系问题。对个体而言，最广义的环境是宇宙，或称为"整全"，中国人也称为"太一"。古代以色列人禁止为"太一"命名，因为，任何"名"（可名之名，可道之道）都不可能穷尽整全，于是都算"亵渎"。最初的信仰，就是对个体生命在这一不可名、不可道的整全之内的位置的敬畏感，以及因个体和族群得以繁衍而产生的恩典感。个性弘扬，抗拒宗教对信仰的束缚，诸如路德的改革，于是个体生命可以表达与神圣"太一"合体的感受（天降大任于斯人也）。归根结底，还是个体要处理它与"整全"之间的关系问题。这套关系是连续的谱系，从低级的细胞膜行为——称为"情绪"，演化为高级的信仰行为——称为"精神"。

我认为达马西奥的这几本书，或许远比我的《行为经济学讲义》更容易读懂。众所周知，以目前中国学术界的状况，优秀译文难得。谨以此序，为湛庐文化在这一领域坚持不懈的努力提供道义支持。

中文版序　　**探索情绪与感受的世界**

　　多年以前，中国的研究者就已经听说过我所从事的研究，但这是我的重要著作首次由同一家出版机构出版，走近广大的中国读者。能拥有这次合作机会，我感到非常高兴。

　　这个系列一共收录了五本书，它们几乎囊括了我25年来的科研工作与思考。第一本是1994年首次出版的《笛卡尔的错误》，最新的一本是2018年出版的《万物的古怪秩序》。

　　在这两本书之间，我还出版了《感受发生的一切》（1999）、《寻找斯宾诺莎》（2003）以及《当自我来敲门》（2010）[①]。

---

① 除本书外，达马西奥"情绪与人性"五部曲中文版目前已出版两部：《笛卡尔的错误》《当自我来敲门》。《感受发生的一切》《寻找斯宾诺莎》中文版将陆续出版。——编者注

这几本书写了什么呢？相信读者们能很容易地发现它们的主旨：介绍人类心智，特别是心智在人体内部建构的方式。贯穿这几部著作，我秉持的基本观点也是显而易见的：假如脱离了感受，就无法思考心智；假如不考虑躯体的存在，就无法思考感受与心智。这几本书的内容各异，它们反映了多年以来我的研究方向是如何发展演变的，同时也集合了神经系统及其工作原理的新发现。除此之外，在后面几部著作中，普通生物学和哲学会占据更多的篇幅。

《笛卡尔的错误》与《感受发生的一切》所描述的是情感世界，也就是情绪与感受的世界。这两本书让情感世界得到了公正的对待，在遭遇了长达近一个世纪的忽视之后，重回主流科学之列。《笛卡尔的错误》关注情感，反对心理学和神经科学只致力于研究所谓的"高级认知"，即知觉、学习、记忆、推理与语言的观点。我在这两本早期著作中并没有忽视这些研究主题，但我明确提出了情绪与感受是心理过程不可或缺的基础。两本书首次出版的时候，正好是现代神经科学开始对情绪背后的脑机制进行解释的时候。

《寻找斯宾诺莎》歌颂了一位哲学家的思想与人生，这位哲学家重视躯体与情绪，与笛卡尔所主张的观点相对立。在这本书里，我希望向这位特立独行、未曾得到应享赞誉的思想家致敬，感谢他对英美哲学及科学做出的贡献。因此，该书具有较强的个人风格。但这本书也增进了我们有关感受区别于情绪的神经科学的理解。

《当自我来敲门》致力于探讨意识。这本书整合了《感受发生的一切》中出现的观点，意欲从生物学的角度来探讨主体性现象。但它并没有穷尽意识这一主题的所有内容，当然它也不可能做到这一点。我会在《万物的古怪秩序》以及后续的作品中继续探讨意识这个庞大的主题。

《万物的古怪秩序》的英文版副标题意为"生命、感受与文化的产生"，这本书与《笛卡尔的错误》产生了奇妙的联系。它相当直接地探讨了我在《笛卡尔的错误》中提及的问题，当时，我首次提出这些问题，很是小心谨慎。这本书也实现了我在《笛卡尔的错误》的后记中许下的诺言，讨论了生物基础对文化建构的作用。《万物的古怪秩序》明确提出生理与文化的起源有关，即便是无脑的简单生物的生理。此外，它再次证实了我长年的研究工作所得出的一种观点，即单靠神经系统是无法建构心智的，身体的神经组织与非神经组织必须紧密合作，才能建构出被我们称为"心智"的基础，这种观点也得到了越来越多的证明。

　　我希望我的中国读者能够拥有愉快的阅读体验。希望我在这几本书中所提出的事实与观点能激发大量的讨论，推动研究的发展，并引发更多的思考。

安东尼奥·达马西奥

测一测　你对万物的秩序了解多少

1. 情感可以推动哪些活动的发展？

    A. 医学   B. 音乐

    C. 哲学   D. 舞蹈

    E. 文学

2. 以下哪一种规律是正确的？

    A. 只有在高等生物中才会出现合作

    B. 只有在高等生物中才会出现竞争

    C. 感受和意识诞生于中枢神经系统

    D. 感受和意识的出现无须依赖中枢神经系统

3. 以下哪些说法是达马西奥支持的？

    A. 生物体本身就是算法

    B. 生物体是算法参与的结果

    C. 构建生物体所用的基质是不必要的

    D. 算法是不可预测的

    E. 人类的行为和心智是不可预测的

4. 关于生命起源，支持"基因复制优先"，反对"新陈代谢优先"的科学家是？

    A. 自噬研究鼻祖克里斯汀·德迪夫

    B. 量子力学奠基人埃尔温·薛定谔

    C. 演化论拥护者理查德·道金斯

    D. 自旋波理论研究者弗里曼·戴森

5. 以下哪种感受不同于其他三种？

    A. 感觉精神和身体状态良好

    B. 面向大海时的愉悦感

    C. 走下台阶时的用力感

    D. 因失败产生的愤怒

扫描二维码，下载
"湛庐阅读"App，
搜索"万物的古怪秩序"获取答案。

第一部分

生命的秩序及其调节

复杂的脑促成了奇异非凡的人类心智，我们发明了笛子，能写诗，有信仰，征服了地球和太空。有趣的是：没有脑或心智的细菌也会捍卫它们的领地，会发动战争，会根据类似行为准则的东西来做出取舍；有"事业心"的昆虫能够建造"城市"，创建"治理体系"和"功能经济体"。

第二部分
**组建人类的
文化心智**

如果你的感受不起作用了，那么你在对事件和物体做出审美和道德的分类时可能就需要付出极大的努力。一旦它被移除，你将不能区别美丽和丑陋、愉悦和痛苦、高雅和通俗、灵性和粗鄙。

第三部分
**文化心智的
形成与发展**

人类文化的崛起既要归功于有意识的感受，也要归功于创造性智力。如果早期人类没有负向和正向的感受，那么高级的文化事业，如艺术、哲学探询、道德体系、法律和科学将缺乏一个最初的推动者。

前言　感受开启人类文化传奇

这本书所讲述的是我的某种兴趣和理念。我对人类情感，即情绪和感受的世界迷恋已久，并花费了多年时光来研究它：人们为何以及是如何做出情绪反应，产生感受，并运用感受来建构自我的；感受是如何协助或阻挠人们实现其最佳意图的；脑与身体交互从而支持上述功能的原因和方式是什么。我想针对这些问题给出一些新的事实和解释。

本书提到的观点非常简单：尽管感受（feelings）是人类文化事业的推动器、监督者和谈判者，但它并未因此获得应得的声誉。人类区别于其他生物的地方在于人类已经制造出了数量可观的器物，展开了形式多样的实践，提出了丰富多彩的观念，这些构成了人们所共知的文化。人类文化包括艺术、哲学探询、道德体系、司法、社会治理、经济体制、技术和科学。

人类的文化过程是为何又是如何开始的呢？人们对这个问题的回答往往会提及人类心智具有口头语言这种重要能力，也会提及人类具有强烈的社会性和卓越智力等鲜明特征。对那些赞同生物学倾向的人来说，答案还会涉及发生在基因层面上的自然选择。我不否认智力、社会性和语言在文化过程中扮演的关键角色，不言而喻，有能力发明文化的生物体以及他们在发明中所使用的特有能力，都是拜自然选择和基因传递所赐才出现的。我想表达的观点是：要开启人类文化的传奇，还需要另外一个东西，而这个东西就是动机。此外，我特别要提的就是感受，其一端是疼痛和困苦，而另一端是安康和快乐。

拿医学来说，它是人类最重要的文化活动之一。医学是技术与科学的结合，它起源于从物理创伤、感染到癌症的各种疾病引发的疼痛和困苦，而与疼痛和困苦相对的则是安康、快乐和繁荣的前景。医学不是作为一种智力运动而开始的，它的出现不是为了锻炼一个人在诊断难题或解决生理学之谜时的智能。医学始于患者的具体感受以及早期医师的具体感受，包括但不局限于可能源于共情的恻隐之心。这样的动机保留至今。请所有读者都注意，看牙医和做外科手术的条件一直在改善。改进高效麻醉剂和提高仪器的精度背后的首要动机就是为了处理人们不适的感受。工程师和科学家在这项事业中功不可没，但他们的角度是带有动机的。药品和仪器行业的获利动机也起了重要作用，因为公众确实需要减轻困苦，而这些行业则对此需求做出了回应。

推动人们追求利益的是各种渴望、前进的愿望、声誉乃至贪婪，而这些无一不是感受。如果不把感受视为这个文化过程的推动器、监督者和谈判者，那么我们就不可能理解人们为开发治疗癌症或阿尔茨海默病的疗法所付出的巨大努力。同样，如果不考虑激发和抑制感受的不同网络，我们也不可能理解西方文化何以对治疗非洲的疟疾或管控无处不在的药物成瘾热情不足。语言、社会性、知识和理性是这些复杂过程的主要发明者和执行者，但它们一开始都是被感受激发的，感受执着于审核结果，并帮助协调以做出必要的调整。

本质上，我提出的这个观点是：文化活动始于感受，并且深嵌于感受。如果我们想理解人类境况中的冲突和矛盾，那么我们就必须承认感受与理性之间有利或不利的相互作用。

在生命的历史长河中思考心智与文化

人类为什么会分饰那么多种角色——受难者、托钵僧、欢庆者、慈善家、艺术家和科学家、圣人和罪犯、地球的伟大关爱者和试图毁灭地球的怪物？对这个问题的回答需要历史学家、社会学家以及艺术家建言献策，充分发挥他们的敏感性和直觉，因为他们常常能发现人类这出戏剧的隐藏模式；但回答同样需要来自不同生物学分支的专家的贡献。

感受不仅驱动了第一波文化洪流，而且它仍然是文化演化不可或缺的内容。当我思考感受何以具有如此作用的时候，我找到了一种能够将具有心智、感受、意识、记忆、语言、复杂的社会性，以及创造性智力的人类生命与38亿年前的早期生命联系起来的方式。为了建立这个联系，我需要在漫长的演化史中为这些关键能力的出现和发展提出一个顺序和一条时间线。

我所揭示的这些生物结构和能力所出现的实际顺序违背了传统的预期，并且如书名所暗示的那样，是"古怪的"。至于该如何建构我喜欢称之为"文化心智"（cultural mind）的美丽工具，生命史中发生的这些事件告诉我们的与人类形成的常规观点并不一致。

当要讲述人类感受的实质和重要性时，我认识到，人类思考心智和文化的方式与生物现实并不协调。当生物体在社会环境中表现出让人印象深刻的聪明行为时，我们会认为那些行为一定是基于远见、慎思和复杂性考虑的，而这些都来源于神经系统。然而，现在我们清楚地知道，这类行为也可以由一个单细胞（即生物圈诞生之际的细菌）生物凭借其简陋的装置来完成。"古怪"一词在描述这个现实时甚至显得太温和了。

有一种解释能够包容这些违反直觉的发现。这种解释利用了生命本身的机制和生命调节的条件。生命调节的现象通常用"内稳态"这一术语来指代。感受是内稳态的心智表达（mental expression），而在感受的掩盖下运行的内稳态是一条功能线索，它将早期的生命形式与身体-神经系统这组杰出的搭档联结在一起。这组搭档是具有意识和感受的心智出现的原因，而心智又是人性中最鲜明的文化和文明出现的原因。感受就是本书内容的核心，而它们是从内稳态那里获得力量的。

将文化与感受和内稳态联系起来的做法加强了文化与自然的关联，也加深了文化过程的人性化。感受和具有创造性的文化心智是在一个很长的过程中组合完成的，在这一过程中，由内稳态引导的遗传选择扮演着一个重要角色。将文化与感受、内稳态以及遗传学联系在一起，这可以反驳一种日益深入人心的观念，即认为文化观念、实践和器物是超然于生命过程之外的。

很明显，我建立的联系并没有削弱文化现象一直以来需要的自主性。我没有把文化现象降低到只剩生物学属性，也不打算用科学来解释文化过程的所有方面。单靠科学是不能描绘出人类的全部经验的，因此我们还需要艺术和人文学科的帮助。

关于文化形成的讨论常常受到两个对立解释的折磨：一个解释认为，人类行为是自主的文化现象的产物；而另一个解释认为，人类行为是基因所表达的自然选择的结果。但我们无须赞同一个而反对另一个。人类行为很大程度上是两者共同作用的结果，只是这两者在不同的情形中产生影响的程度和顺序有所不同。

说来也怪，在非人类的生物中探索人类文化的根源绝不会削弱人类的独特地位。每个人的独特地位都源自人类苦难和繁荣产生的独一无二的意义，而这些意义就呈现在我们对往事的追忆以及我们对不断预期的未来所建构的记忆的背景中。

这本书讲了什么

人类天生就是讲故事的能手，而我们发现，讲述关于万物如何起源的故事会给人一种强烈的满足感。对于讲述一种策略或一段关系，人类已经取得了合理的成绩，爱情和友情因此成为起源故事中的伟大主题。当转向自然世界时，我们却没有做得那么好，甚至常常很糟。生命是如何开始的？心智、感受或意识是如何开始的？社会行为和文化是什么时候首次出现的？解答这类问题并非易事。当获得诺贝尔奖的物理学家埃尔温·薛定谔（Erwin Schrodinger）把注意力转向生物学并写下他的名著《生命是什么？》（*What Is Life?*）的时候，值得我们注意的是，他的书名并不是《生命的"起源"》（*The "Origins" of Life*）。如果他看到这个题目，他肯定认为这会是一项愚蠢的差事。

但是，这项差事有无法抗拒的魅力。本书就致力于呈现心智形成背后的一些事实，而我们知道心智能思考，能创造叙事和意义，能回忆过去和想象未来；本书还致力于呈现感受和意识的机制，这些机制负责心智、外在世界及不同生命之间的相互连接。当人类需要应对处于冲突中的心灵时，渴望调和由苦难、恐惧、愤怒与追求安康所构成的各种矛盾时，他们开始充满惊异和敬畏，并逐渐发展出音乐、舞蹈、绘画和文学。人类继续着他们的奋斗，开创出美丽但有时也蕴含残缺的史诗，这些史诗以宗教信仰、哲学探询和政治治理之名流传下来。从生到死，这些就是文化心智谱写人类戏剧的方式。

THE STRANGE ORDER OF THINGS

Life
Feeling
and
the Making of Cultures

第一部分

生命的秩序及其调节

复杂的脑促成了奇异非凡的人类心智,我们发明了笛子,能写诗,有信仰,征服了地球和太空。有趣的是:没有脑或心智的细菌也会捍卫它们的领地,会发动战争,会根据类似行为准则的东西来做出取舍;有"事业心"的昆虫能够建造"城市",创建"治理体系"和"功能经济体"。

01

人类的状况

一个简单的观点

当我们受伤和遭受痛苦时，不管造成伤口的原因是什么或者引发痛苦的一般情况是什么，我们总能对它们做点儿什么。造成人类痛苦的情形不仅包括物理创伤，还包括因失去所爱之人或蒙羞所带来的种种伤痛。因记忆引起的丰富回忆又会延续并放大痛苦。记忆有助于将这种情境投射到想象中的未来，并让我们设想当前情境蕴含的各种后果。

通过理解自己所处的困境，人类试图发明补救办法、矫正措施或高效的解决方案来对痛苦做出回应。与遭受痛苦一道，人类还能在非常广泛的情境中体验到痛苦的对立面，即快乐和热情，其范围从简单和琐碎到崇高，从由味道、气味、食物、美酒、性爱和身体舒适中获得的快乐到游戏的美妙，再到目睹自然景物带来的敬畏感和振奋感以及对他人的钦佩和爱戴。人类还发现，展示力量、统治乃至摧毁他人，对他人进行蓄意的伤害和掠夺不仅能获得战略利益，还能引起快感。在此，人类还能把这些感受用于一些实际目的：作为一种动机，它让人询问痛苦究竟为什么会存在，甚至让人困惑为什么有时他人的痛苦是有价值的。或许人类还可以用诸如恐惧、惊奇、愤怒、悲伤、怜悯等感受来引导自己想方设法去对抗痛苦及其根源。人类会认识到，在各种可选择的社会行为中，其中一些是与侵犯和暴力完全相反的，比如同胞情、友情、关怀和爱，它们不仅与他人的安康有关，而且也与自己的安康紧紧地联系在一起。

为什么感受能成功地让心智以有利的方式去采取行动呢？原因之一在于感受在心智中所实现的成就以及它对心智产生的影响。在正常情况下，感受每时每刻都会无声无息地向心智通报目前身体的生命状态是怎样的。如此一来，感受就能自然而然地告诉生物体目前的生命过程是否有利于它的安康和兴旺[1]。

在朴素的观念失败的地方感受却能成功的另一个原因在于，感受具有独一无二的本质。感受不是由脑独立自主地制造出来的。感受是身体与脑合作经营的结果，而身体与脑的相互作用是通过自由游动的化学分子和神经通路实现的。这个经常被忽视的特殊设置确保感受能扰动原本波澜不惊的心智之流。生命总是在兴旺与死亡之间不断地权衡其行动，而感受就来自生命的权衡。因此，感受是对心智的扰动，它可能让人难受也可能让人舒服，可能是柔和的也可能是强烈的。感受能以某种理智化的方式对我们造成细微的扰动，或者对我们造成强烈和显著的扰动，从而紧紧地抓住其产生者的注意力。即使最正向的感受也往往会打破心智的平静[2]。

于是，这个简单的观念就是：**痛苦的感受和快乐的感受，其程度从安康到不适和疾病，都一直是质疑、理解和问题解决等过程的催化剂，而正是这些过程将人类的心智与其他物种的心智彻底地区分开来**。通过质疑、理解和问题解决，人类想出了各种应对生活困境的解决方法，并且建构出了各种使个体和种群兴旺繁荣的手段。人类一直在完善获取营养、遮身蔽体、建造住所和护理伤口的方式，并且还发明了医学。当因为他人或因为考虑自身的状况（比如面对不可避免的死亡）而造成疼痛和苦难时，人类就会开拓个人和集体资源，并发明各种回应方式，其范围从道德惯例和司法原则，到社会组织和治理模式、艺术表现等。

要确定这些文化发展的具体时间是不太可能的。这些发展的步伐很大程度上依赖于特定人群的数量和他们所在的地理位置。我们可以确定，大约5万年前，这些过程就在地中海周边、中南欧以及亚洲等地持续地进行着，在这些地区，智人（Homo sapiens）已经登场了，同时还有尼安德特人（Neanderthals）相伴。不过这是智人首次出现很久之后的事了，智人出现的时间是在20万年前或更早[3]。由此，我们可以设想人类文化的起点始于狩猎–采集时代，这远远早于1.2万年前的农耕时代，而农耕时代又早于书写和货币出现的时代。文化演化过程发生在世界的很多个地方，而书写系统在不同地点出现的时期很好地印证了这一点。大约在公元前3500年至公元前3200年，书写首先在美索不达米亚的苏美尔和埃及出现。之后，另一个书写系统在腓尼基出现，并最终被希腊人和罗马人采用。大约在公元前600年，书写也在位于中美洲的玛雅文明中独立出现，这个地区就是现在的墨西哥。

我们或许要感谢西塞罗（Cicero）和古罗马人，是他们将"文化"（culture）一词引入观念世界的。西塞罗使用"culture animi"这个词语来描述对灵魂的培育，而他那时一定想到了土地的耕种及其收获，这是对植物生长过程的完善和改进。也许在他看来，适用于土地的词语也一样适用于心智。

今天关于"文化"一词的主要意义没什么争议可言。词典上说，"文化"表现为集体所注重的理智成就，并且除非特殊说明，这个词语专指人类的文化。艺术、哲学探询、道德能力、司法、政治治理、经济制度（市场和银行等）、技术以及科学是"文化"一词所指的主要类型。区分不同社群的各种观念、态度、习俗、方式、实践以及制度都属于文化的范畴，同样地，文化是通过语言以及文化最初创造的物体和仪式本身在人和代际间传递的。只要我在本书中提到"文化"或"文化心智"，以上提及的这些现象就是我所考虑的范围。

"文化"一词还有另一个习惯用法。有趣的是，它还指在实验室中对微生物（如细菌）的培养：它暗指培养中（in culture）的细菌，而不是我们稍后会谈到的细菌的类文化（culture-like）行为。无论如何，细菌注定要成为文化这一宏大叙事的一部分。

感受与文化的形成

感受以 3 种方式对文化过程产生影响：

1.作为智力创作的推动者。

　a）促进对内稳态缺陷的侦测和诊断；

　b）识别值得付出创造性努力的理想状态。

2.作为文化工具和文化实践成败与否的监控者。

3.作为随时间变迁的文化过程中必要的谈判者。

与智力相对的感受

通常，人们用人类具有卓越的智力来解释人类文化活动的产生，人类卓越的智力犹如生物体帽盖上的"顶戴花翎"，它是由不假思索的基因程序在演化历程中逐渐编码出来的。在解释人类的文化活动如何产生时，人们很少提及感受，而人类在智力和语言方面的扩展以及人类突出的社会化程度，才是文化发展的主角。乍看之下，我们完全有理由认为这种解释是合理的。想撇开我们称之为文化的新颖工具和实践背后的智力因素去解释人类文化是不可想象的。不言而喻，语言对文化的发展和传播的贡献是决定性的。至于社会化程度，尽管它是一个经常被忽略的贡献者，但其不可或缺的作用现在也已经有目共睹了。文化实践依赖于人类的成年人所擅长的社会现象，例如，两个共同关注同一个对象的个体如何分享关于那个对象的意图[4]。可是这种**诉诸智力的解释似乎遗漏了某种东西，就好像创造性智力无须一个强有力的激发者就能自行实现，就好像智力无须纯粹理性之外的背景动机就能独自勇往直前。**把生存当作动机是无效的，因为它没有讲清楚为什么生存是值得忧虑的。说起这种诉诸智力的解释，就好像创造性没有植根在复杂的情感大厦中，就好像文化发明过程的延续和监控仅仅依靠认知手段就可以了，而完全不需要考虑生命成果实际感受到的价值（无论是好还是坏）在这个行动过程中的发言权。如果你的疼痛可以用疗法A或疗法B来治疗，那么你要依赖感受来宣布究竟是哪个疗法使疼痛减轻了，或使疼痛完全消除了，还是对疼痛一点儿作用都不起。感受是作为回应问题的动机和作为回应成功与否的监督者而发挥作用的。

感受以及情感是文化会议桌前还未被认可的出席者。会议室里的每个人都感觉到它们的存在，却几乎无人与它们交谈。感受和情感只是无名的出席者而已。

在我所描绘的这个互补的画面中，如果没有强有力的理由，不论是个体层面还是社会层面的卓越的人类智力都不会有动力去开发充满智慧的文化实践和工具。任何种类和程度的感受，不管它是由现实的还是想象的事件造成，都会作为推动器并征召智力为其服务。人类不断创造出各种文化性的回应，意在改变他们的生活处境，使之更好、更舒适、更宜人，更利于创造一个安康以及有更少麻烦和损失的未来，正是这些意图最初激发人类展开这些创新之举，它们最终在实践中不仅带来了一个更适合生存的未来，而且创造了一个更美好的未来。

最初设想出"己所不欲，勿施于人"这条黄金规则的那些人，他们深深体会过自己在受到不良对待或看到别人受到不良对待时的那种感受。诚然，在针对事实时逻辑起着一定的作用，但其中某些关键的事实是感受。

困苦与兴旺处于感受谱系的两端，但也正是它们成了开创文化的创造性智力的首要推动因素。其他推动因素则是与基本欲望如饥饿、性欲、同胞情，或是与恐惧、愤怒、对权力和名望的贪欲、仇恨、毁灭敌人及其所有物的不可抑制的驱力等相关的情感体验。事实上，我们在社会性的许多方面背后都能发现情感，它引导着大小团体的建立，它也表现在人们围绕欲望和游戏的美妙所创建的各种社交纽带中，它还表现在为争夺资源和配偶而引起的侵略和暴力冲突中。

其他强有力的推力因素还包括升华、敬畏和超越的体验，它们源于对自然或人造物之美的凝视，源于期待发明使自己和他人成功的手段，源于发现形而上学或科学之谜的可能解决方案，或者源于与未解奥秘的纯然相遇。

追溯人类文化心智

围绕这点，有很多有趣的问题产生。就我刚才所写的来说，文化事业是作为一项人类计划开始的。但文化所解决的问题是否只局限于人类呢，它们也涉及其他生物吗？而人类文化心智所推进的解决方案又如何呢？它们完全是人类原创的发明吗？又或者在演化中位于人类之前的生物就部分地使用了这些发明呢？与有可能无法获得的安康和兴旺相比，我们不可避免地会面临痛苦、苦难和死亡，这些都位于某些具有创造性的人类过程背后，而正是这些具有创造性的人类过程造就了复杂得惊人的文化工具。但人类的建构也受益于他们之前的古老生物的策略和工具，当我们观察大猩猩时，我们可以在它们身上感受到我们人类文化的先兆。1838年，当达尔文第一次看到一只刚来到伦敦动物园的名叫珍妮（Jenny）的猩猩的行为时，他备感惊讶。当时的维多利亚女王也与达尔文有同样的感受。她发现珍妮"像人却令人不舒服"[5]。黑猩猩能制造简单的工具，并聪明地用工具来进食，它们甚至能够形象生动地把自己的发现教授给其他黑猩猩。我们完全有理由说它们（尤其是倭黑猩猩）的社会行为的某些方面是文化性的。大象和海洋哺乳动物等与人类基因差异稍大的物种的行为也具有文化性。由于基因传递，哺乳动物在许多方面拥有在情绪名册上与人类相似的精致的情感装置。否认哺乳动物具有与其情绪相关的感受已经不再是一个令人信服的立场了。在解释非人类动物的文化表现时，感受也扮演着动机的角色。重要的一点是，它们的文化成就最终不高的原因在于，它们缺乏共享意向性，也没有高度发展的口头语言，而更一般的原因在于，它们的智力水平不高。

但事情没那么简单。鉴于文化实践和工具所具有的复杂性和广泛的利弊后果，我们似乎可以合理地认为，或许在感受和创造性智力的神圣结盟共同去解决由群体存在提出的问题后，文化概念只有在有心智的生物中（非人类灵长目动物可以确定是有心智的）才是有意向性的，才有可能存在。在文化出现在演化中之前，人们或许不得不先等待心智、感受以及意识（有了意识，感受才能被主观地体验到）的演化发展，接着还要等待一大波以心智为指向的创造性能力的发展。传统的观点是这么认为的，但接下来我们将要看到的内容却不是这样的。

简朴的起源

社会治理有个简朴的起源，在它自然诞生时，智人和其他哺乳动物的心智都还没有出现。极为简单的单细胞生物依靠化学分子来进行感觉和做出回应，换言之，来侦测环境中的特定状况（包括其他单细胞），并以此来引导行为，以便在一个社会环境中组织和维持自己的生命。众所周知：如果细菌生长的环境能提供其所需的充足营养，那么细菌就能过相对独立的生活；而如果其生长的环境营养匮乏，那么细菌就会"抱团取暖"。细菌可以感知其所在团体的细菌数量，以非思维的方式评估群体的力量，并依赖群体的力量来决定是否展开捍卫领地的战斗。细菌能将身体排列起来形成栅栏，通过分泌化学分子建立一个薄膜来保护集体，甚至可能以此来抵挡抗生素。顺便说一下，这就是当我们患感冒或咽喉炎时，细菌在我们喉咙中上演的常规一幕。当细菌在喉咙中占据了很大一片领地后，我们的声音就会变得沙哑，甚至失声。"群体感应"（quorum sensing）就是一个在这些冒险活动中帮助细菌存活下来的过程。这个成就非常壮观，不免让人们想到感受、意识、理性、慎思等能力，只可惜细菌实际上完全没有这些能力；不过它们是这些能力的强有力的先驱。我要论证的是，细菌还缺乏那类先驱的心智表达。细菌还没有进入现象学中[6]。

细菌是最早的生命形式，几乎可以追溯到40亿年前。它们的身体由一个细胞构成，而这个细胞甚至没有细胞核。它们没有脑。它们没有我和读者所具有的意义上的心智。它们似乎过着简单的生活，依内稳态的规则运行，但操作它们的灵活的化学活动着实不简单，这些化学活动让它们能呼吸我们不能呼吸的东西，吃我们不能吃的东西。

在它们所创造的这个复杂的、尽管是无心智的动态社会中，不论它们是否有遗传关系，细菌都能与其他细菌开展合作。而在它们无心智的生活中，它们甚至呈现出可被称为"道德态度"（moral attitude）的东西。其社会群体中最亲密的成员，也可以说它们的家庭成员之间可以通过它们所产生的表面分子或所分泌的化学成分来相互辨别，因为这些表面分子或化学成分与成员个体的基因组是息息相关的。菌群必须应对不利的环境状况，而为了获取领地和资源，它们还经常要与其他菌群竞争。**为了群体的成功，其成员需要合作**。群体所致力的工作着实让人惊讶。当细菌在群体中甄别出"背叛者"（即那些不努力捍卫群体的成员）时，它们就会避开这些背叛者，即使背叛者与它们有遗传关系，是它们家族的成员。细菌不会与不尽心尽力为群体付出的家庭成员合作，换言之，它们会冷落不合作的背叛者。背叛者至少要经过一段时间才能接近其他细菌付出巨大代价换来的能量资源和防御体系。细菌"行为"的多样性是惊人的[7]。在微生物学家史蒂文·芬克尔（Steven Finkel）设计的一个生动的实验中，几个菌落维护着不同烧瓶中的资源，每个烧瓶中配有不同比例的必需营养素。在特定条件下，经过几代以后，实验显示有3个非常明显的成功菌落：两个菌落在这个过程中誓死相争并遭受了巨大损失，而另一个菌落则谨慎行事，不参与任何正面冲突。3个菌落都活了1.2万代。无须过多的想象力，我们也能感觉到一种可与大型生物社会相比较的模式。我们马上想到的是背叛者的社会或和平守法的公民的社会。我们也能轻易想到一大群人物形象：施虐者、地痞、恶棍、小偷、故作低调的伪君子，以及最重要的利他主义者[8]。

当然，把人类高度发展的精细的道德准则和司法应用归结为细菌的自发行为就太不靠谱了。当细菌最终与非亲缘的敌人而不是与家人和朋友联合时，我们不应把细菌使用的策略模式与一个法律规则的构想和缜密应用相混淆。当细菌以无心智的方式实现其生存适应时，它们与其他细菌为了共同的目标而结合在一起。遵循相同的非深思熟虑的规则，菌群对整个进攻的反应就在于依照等价的最小作用量原则来自动寻找数量优势[9]。它们严格服从内稳态的命令。人类的道德原则和法律虽然遵守相同的核心规则，但不止是这些。人类的道德原则和法律来自人们对其所面对的处境的理智分析，来自对发明和颁布律法的群体的权力管理。人类的道德原则和法律植根于感受、知识和推理，这些是借助语言完成在心智空间中的加工的。

简单的细菌在几十亿年里依照一种自动图式（schema）管理它们的生命，而这种自动图式预示了人类一直用于建立文化的若干行为和观念，然而，如果人们没有认识到这一点，那么他们同样是愚蠢的。有意识的心智不会坦然地告诉我们这些策略在演化中已经存在很久了，或者让我们知道它们何时才第一次出现，尽管当我们为了采取恰当的行动而深思熟虑和搜肠刮肚时，我们确实发现了"预感和倾向"，而预感和倾向来自感受，或者它们本身就是感受。**感受顺着一定的方向或温和或有力地指引着我们的思想和行动，为理智的慎思提供脚手架，甚至为我们的行为提供辩护。我们感激和亲近那些为我们雪中送炭的人，远离那些对我们的困境无动于衷的人，惩罚那些抛弃或背叛我们的人。**但如果不是因为现代科学的发现，我们不会知道细菌也在做一些起同样作用的聪明的事情。我们自然的行为倾向一直在指引着我们有意识地阐明那些基本但无意识的合作-竞争原则，那些原则早已存在于各种生命形式的行为中了。那些原则在很长的时间里还引导过很多物种的情感及其关键成分的演化组合，这些关键成分包括所有情绪性反应，而要产生这些情绪性反应，生物就必须感应各种内外刺激（它们招致了欲望冲动，比如口渴、饥饿、性欲、依恋、关怀、同胞情）并识别那些需要情绪性反应（比如快乐、恐惧、愤怒、怜悯）的情境。正如我们早先注意到的，那些原则在生命史中无处不在，我们很容易在哺乳动物身上辨认出它们。很显然，自然选择和基因传递一直在不辞辛苦地塑造和雕琢社会环境中的这类反应模式，从而建构起人类文化心智的脚手架。主观感受和创造性智力在那个环境中同舟共济，并创造出服务人类生活需求的文化工具。如果事实真的如此，那么人类的无意识就确实可以追溯到早期的生命形式，这要比弗洛伊德和荣格所设想的还要深，还要远。

社会性昆虫的生活

昆虫尽管是无脊椎动物，但它们当中2%的社会行为在复杂性上堪与人类的社会成就相媲美。蚂蚁、蜜蜂、黄蜂和白蚁是耳熟能详的例子[10]。尽管它们的基因是设定好的，行为也很僵化，但也能使它们的群体生存下来。为了应对生存中的各种问题，如寻找能量源、把能量转化为有利于生命的产物、管理那些产物的流向，它们在群体内有明智的劳动分工，它们甚至能根据可使用的能量源来改变被安排到特定工种的工蜂的数量。当需要做出牺牲时，它们的行动方式似乎是利他主义的。在聚居地，它们建造的巢穴有如非凡的城市架构工程，这些工程能为群体提供有效的庇护所、交通模式、通风系统和垃圾清理系统，并为蜂王提供安全防卫系统。我们甚至可以期待它们有朝一日能利用火以及发明出轮子。它们的热情和纪律在任何时候都不免会让人类都感到羞愧。这些生物所习得的复杂社会行为不是来自蒙台梭利学校或常春藤大学联盟，而是来自它们的生物机制。但是，尽管蚂蚁和蜜蜂早在1亿年前就获得了这些惊人的能力，但无论是个体还是群体，它们都不会因为失去同伴而悲恸，它们也不会探询自己在宇宙中的位置。它们不会探索自己的起源，更别说探索自己的命运了。它们看似负有责任心的成功的社会行为并不是因为对自己或同伴有什么责任感，也不是因为对自己身为昆虫的处境有什么了不起的哲学反思，而是因为生命调节需要一种万有引力般的拉力，正是这个拉力作用于它们的神经系统从而产生出一系列特定行为，而这些行为又是通过一代代演化，在微调基因组的控制下选择出来的。这些群体的成员做得多但想得少。我的意思是，当它们记录下一个无论是自己的、群体的还是蜂王的特定需要时，它们绝对不会像我们一样去探索其他可能的方式来实现这个需求。它们仅仅是按部就班地完成自己的工作。它们可能出现的行为的空间是有限的，并且在多数场合中还被限定到一个选项上。它们社会性的一般图式虽然相当精细，但与人类文化不同，它只是一种固定的图式。E. O. 威尔逊（E. O. Wilson）认为社会性昆虫不过是一种"机器"，我觉得这种说法也不无道理。

现在，让我们回到人类这里。人类会探索行为的其他可能性，会为他人的损失难过，会为损失和最大化收益而做点儿什么，会探询自己的起源和命运并试图给出回答，而在我们充满动荡的创造性活动中，我们常常因为混乱而乱作一团。我们并不能确切地知道人类何时学会了悲伤，何时变得患得患失，何时学会了谈论自己的处境，何时学会了探询"生命从哪儿来又到哪儿去"这类令人挠头的问题。但从迄今已经挖掘过的墓穴和洞穴中的史前器物来看，我们可以肯定，在5万年前，其中的一些行为就已经明显出现了。但是请注意，与社会性昆虫1亿年的生命史相比，人类5万年的历史不过是生命演化史上的一个瞬间，更别说与细菌几十亿年的历史相比了。

尽管我们不是细菌和社会性昆虫的直接后代，但我认为仔细思考一下这3条证据线索还是非常有益的：没有脑或心智的细菌也会捍卫它们的领地，也会发动战争，也会根据类似行为准则的东西来做出取舍；有"事业心"的昆虫会建造"城市"，创建"治理体系"和"功能经济体"；而人类发明了笛子，能写诗，征服了地球和太空，能为了缓解痛苦而对抗疾病，有时又会损人利己，既发明了互联网，能让它促进发展，又可能因为它带来灾难；除此之外，人类还会探询一些关于细菌、蚂蚁、昆虫以及自己的问题。

内稳态

一方面，感受激发出聪明的文化方案来解决人类处境中的问题，这似乎是一个合理的观点；另一方面，无心智的细菌展现出的有效社会行为，大致预示了某些人类的文化反应。我们该如何调和这两方面呢？连接这两组演化上相隔数十亿年的生物表现的线索是什么？我相信，它们共有的基础和线索可以在动态的内稳态中找到。

尽管内稳态早期的生物化学起点至今已湮没不详，但它依然是一组维持生命核心的基本机制。内稳态是一种强有力的、非思想性的、无言的命令，对各种形态的生物体来说，颁布这道命令的唯一目的就是确保生命的持续和繁荣兴旺。内稳态命令是为了生命的"持续"，这一点是显而易见的：它维持着生存，并且只要人们考虑到生物体或物种的演化，它就是不言而喻的，无须专门提及和特别强调。内稳态也与物种的"繁荣兴旺"有关，但这一点就不那么明显并且也很少得到承认。内稳态确保生命在一定的范围内得到调节，这个范围不仅要有利于生物的存活，还要有利于物种的兴旺，有利于生物体或种群的未来。

感受负责向个体的心智呈现出生物体的生命状态，其范围从正向一直到负向。负向感受通常表明内稳态存在缺陷，而正向感受则反映出内稳态处在适宜的程度，同时正向感受会让生物体对有利机会保持积极开放的姿态。感受与内稳态的关系既紧密又始终一致。在所有被赋予心智和有意识观点的生物体中，感受是对生命状态（即内稳态状况）的主观体验。我们认为感受就是内稳态的心智代理人[11]。

我为人们在文化的自然史中忽视感受而不免感到惋惜，而说到内稳态和生命本身时，这种忽视就更严重了。在文化的自然史中，内稳态和生命被完全忽略了。20世纪最杰出的社会学家塔尔科特·帕森斯（Talcott Parsons）确实在研究社会系统时引用过内稳态的概念。但是在他手上，这个概念并没有与生命或感受联系起来。帕森斯的理论实际上是文化观念中忽视感受的一个典型。对于帕森斯来说，脑是产生文化的最基本的生物器官，因为它是"控制复杂操作尤其是手动技术以及协调视觉和听觉信息的首要器官"。最重要的是，脑是学习能力和符号操作能力的器官基础[12]。

不需要事先的设计，内稳态就能以非意识和非慎思的方式引导着生物结构和机制的选择，这些结构和机制不仅能够维持生命，而且还能推进在演化树的不同分支上出现的诸物种的演化。这种内稳态概念完全符合物理、化学和生物证据，这与传统上那种贫乏的内稳态概念极为不同，因为传统的内稳态概念仅仅将自己局限在对生命的平衡调节上。

我认为，内稳态的命令是不可抗拒的，它是所有生命形式的无处不在的管理者。内稳态一直是自然选择背后的价值的基础，而自然选择反过来又会青睐表现出最富创新性和最有效的内稳态的基因和相应的生物种类。离开了内稳态，我们很难想象那些有助于优化生命调节并将基因传递给后代的基因装置是如何发展的。

基于前面谈到的内容，我们可以提出一个感受与文化之间关系的科学工作假说。**感受作为内稳态的代理，是开启人类文化反应的催化剂。**我们是否能够合理地构想这样的观点，即感受推动了各种理智发明的出现，这些理智发明使人类能够实现艺术、哲学探询、道德准则、司法、政治治理体系和经济体制、技术和科学等方面的进步？对此，我会心悦诚服地给予完全肯定的回答。我可以说明，上述每个领域中的文化实践或工具都需要生物体感受到一个现实的或预期的情境，在这个情境中，要么内稳态出现衰退（例如，疼痛、受苦、迫切的需求、威胁和损失），要么内稳态有潜在的利益（例如，一个有益的结果），而且我可以说感受起着动机的作用，这种动机能利用知识和理性的工具来降低需要并有效地开发奖赏状态的丰富价值。

但这只是故事的开始。一个成功的文化反应的结果是降低或消除这种起推动作用的感受，这是一个要求监控内稳态状态变化的过程。反过来，对现实理智反应的最终采纳以及它们最终被一个文化体囊括还是摒弃，仍然是一个复杂的过程，它源于不同社会群体随时间的相互作用。它取决于群体的许多特点，从规模和过去的历史，到地理位置和内外的权力关系。它涉及智力和感受的后续步伐，例如，当文化冲突出现时，负向以及正向的感受就会介入，或者促使冲突解决，或者促使冲突恶化。这个过程利用了文化选择。

预示心智和感受不等于产生心智和感受

如果没有内稳态所施加的特征，生命是不可能维持下去的，而我们知道内稳态在生命之初就存在了。但感受是对生命体内内稳态的瞬间状况的主观体验，它并未与生命一同出现。我认为感受是在生物体有了神经系统后才出现的，而神经系统的发展要比内稳态晚很多，大约6亿年前它才出现。

神经系统逐渐促成了一个对周围世界进行多维映射的过程，它开始形成生物体的内部世界，由此，心智以及心智中的感受的出现成为可能。映射以各种感官能力为基础，最终包括嗅觉、味觉、触觉、听觉和视觉。我们在第4章到第9章中会看到，心智（尤其是感受）的形成是基于神经系统与生物体本身之间的相互作用。神经系统自身不能形成心智，心智是通过神经系统与其所属的生物体的其他部分的相互合作来形成的。这个看法与脑是心智唯一来源的传统观点完全不同。

尽管感受要比内稳态晚很久才出现，但它仍然远远早于人类的出现。并不是所有的生物都被赋予了感受，但所有的生物都被赋予了作为感受先驱的调节装置（其中一些内容要在第7章和第8章中讨论）。

当思考细菌和社会性昆虫的行为时，我突然间认识到，只能在名义上说早期的生命形态是不发达的。要探寻最终演变为人类生命、人类认知以及我喜欢称为文化的心智阵容的那些事物是如何开始的，我们就必须一直追溯到地球历史的尽头。人类的心智和文化上的成就依赖于同其他哺乳动物的脑极为相似的人脑，但光说这一点是不够的，我们还必须指出，人类的心智和文化与古老单细胞生命以及许多中间生命形态的生存方式和手段是联系在一起的。或许我们可以形象地说，人类的心智和文化继承了过去的很多方面，对此我们无须尴尬也不必抱有歉意。

从早期生物体迈向人类文化

有一点非常重要，那就是我们必须坚持这样一个认识：尽管生物过程与心理和社会文化现象之间存在明确的联系，但这并不意味着社会的塑造和文化的构成可以完全由我们前面所勾画的生物机制来解释。当然，我怀疑行为准则不管出现在何时何地，它的发展始终是由内稳态的命令推动的。这些准则的目的通常在于降低个体或群体面临的危机和风险，而它们也确实减轻了人类苦难和促进了人类福祉。它们增强了社会凝聚力，就本身而言，这对内稳态是有益的。一些经典的典籍如《汉穆拉比法典》都是由人构想出来的，但除此之外，它们也是由当时当地的具体状况以及发明那些准则的特定的人物共同塑造的。在这些发展背后存在若干个规则而非一个单一的综合规则，尽管可能存在的规则的某些部分是通用的。

在由个体、群体、它们的位置、它们的过去等因素规定的具体状况中，生物现象促成和塑造了那些成为文化现象的事件，生物现象在文化产生初期必定会通过情感与理性的相互作用起到这样的作用。此外，情感的介入并不局限于仅仅作为初始动机，它之后还会以过程监控者的角色再次出现，而且正如情感与理性永不停息的谈判所要求的那样，它还会持续地介入众多文化发明的未来。但是，文化心智中的感受和智力这个关键的生物现象只是故事的一部分。我们还需要纳入文化选择的因素，为此，我们需要历史学、地理学、社会学等其他学科的学识。同时，我们要认识到适应性和文化心智所使用的能力是自然选择和基因传递的结果。

从早期生命向人类目前生命的跨越过程中，基因起着重要作用。这一点非常明显而真实，但这也引出了一个问题，即基因是如何出现以及如何起作用的。或许一个更完整的回答是：在消逝已久的最初起点上，生命过程的物理和化学条件负责建立了广义的内稳态，而包括基因机制在内的所有其他东西都衍生自这个事实。内稳态首先出现在无核细胞（或原生生物）中；后来，内稳态开始出现于有核细胞（或真核生物）中；再后来，内稳态出现于多细胞的复杂生物体中；最终，这些多细胞生物体将既有的"全身系统"（whole-body systems）细化为内分泌系统、免疫系统、循环系统和神经系统。这些系统产生了心智、感受、意识、情感机制和复杂行为。没有这些全身性的系统，多细胞生物体就无法操控其"全局的"内稳态。

凭借脑，人类产生了文化观念和实践，发明了工具，但脑本身是由基因遗传造就的，而这些基因遗传是经几十亿年的自然选择淘洗出来的。相比之下，人类文化心智的产物和人类历史通常受制于文化选择，并且主要通过文化的方式传递给我们。

在迈向人类文化心智的途中，感受的出现使得内稳态实现了一次急剧飞跃，因为感受能以心智的方式表征生物体的生命状态。一旦感受加入心智的混合体中，内稳态过程就因为有了关于生命状态的直接知识而得到极大丰富，并且那种知识必定是有意识的。最终，由感受驱动的、有意识的心智能够以明确提及体验者主体的方式表征两组关键的事实和事件：生物体自身内部世界的状况和生物体外部环境的状况。后者明显包括各种复杂情境中的其他生物体的行为，这些复杂情境是由社会中的相互作用以及共享意图产生的，并且其中许多情境取决于参与者的个体驱力、动机和情绪。随着学习和记忆能力的提升，个体逐渐能够建立、回忆和操控关于事实和事件的记忆，这开启了一条通向基于知识和感受的新智力水平的道路。之后，口头语言加入这个智力扩展的过程中，它成了观念与语词、句子之间易操作和易传播的对应方式。自那以后，创造性犹如洪流决堤一般不可遏制。自然选择又征服了另一个战区，即特定行为、实践和人工物背后的观念战区。文化演化现在也加入基因演化中了。

复杂的脑促成了奇异非凡的人类心智，这使得我们与一长列生物先驱分离开，尽管人类的心智和脑的出现要由这些生物先驱来解释。心智和脑的显赫成就让我们以为人类的机体和心智是突然冒出来的，就像凤凰一样，其起源无法考证或者很晚才突然诞生。然而，在这些奇观的背后，隐含了一系列的前因和程度惊人的竞争与合作。在人类心智的故事中，人们太容易忽视一个事实，即复杂生物体的生命只有在被精心管理后才能持续和繁荣兴旺，而脑在演化中之所以受到青睐，是因为脑极为擅长协助生命进行管理工作，尤其是在它能够帮助生物体构造出充满丰富的感受和思想的有意识心智之后。最终，人类的创造力根植于生命和如下的惊人事实，即生命被赋予了一个精确的指令：无论如何都要活下去并把自己投射到未来。当我们面对当下的不稳定性和不确定性时，考虑一下这些简朴而强有力的起源是有帮助的。

在生命的命令及内稳态的魔法中，包含着一些生存指令：新陈代谢的调节和细胞成分的修复、群体的行为准则以及测量内稳态偏离正负两端的标准（有了这个标准，生物体就能启动恰当反应）。但生命命令还有在更复杂和强健的结构中寻求未来安全的倾向，即不懈地投身于未来。这个倾向是由促成自然选择的无尽的合作和残酷的竞争实现的，并伴随着突变。早期生命预示了很多我们现在能在人类心智中看到的发展，人类心智充满了感受和意识，而它们自身所建构的文化反过来又丰富了它们。有意识和感受能力的复杂心智启发和引领了智力和语言的扩展，并产生了一些生物体原本不具有的新的动态内稳态的调节工具。由这类新工具所表达的意图仍然与早期的生命命令相一致，而这些意图的目的不仅在于生命的持续，也在于生命的繁荣兴旺。

那么，为什么这些非凡发展的诸多结果是如此不一致，甚至飘忽不定呢？为什么在人类历史的迁演中曾出现过那么多次内稳态的脱轨和苦难呢？我们之后还会讨论的一个初步答案是：文化工具的发展首先是与像核心家庭和部落一样小的群体以及个体的内稳态的需要相关的。当时人们不会也不可能考虑到将其扩展到更大的人类圈。在更大的人类圈中，文化群体、国家乃至地缘政治联盟的运作通常更像一个被单个内稳态支配的个体，而不是作为一个更大生物体的一部分。每种势力都通过支配各自的内稳态去捍卫自身生物体的利益。文化内稳态还仅仅是一个进行中的作品，且不时地被不利条件侵蚀。我们可以大胆地认为，文化内稳态的最终成功取决于对不同调节目标进行调和的努力，这种努力是文明的但也是脆弱的。"于是，我们奋力搏击，好比逆水行舟，不停地被水浪冲退，回到了过去。①"当F. 斯科特·菲茨杰拉德（F. Scott Fitzgerald）说这句话时，他这种从容的绝望依然是一种富有预见性且恰当的描述人类状况的方式[13]。

---

① 引自《了不起的盖茨比》姚乃强中译本。——编者注

THE
STRANGE ORDER
OF
THINGS

不似之处

细胞，最简单的生命

生命，至少我们所继承的那种生命，似乎始于大约38亿年前，这要比著名的"大爆炸"（Big Bang）晚得多。在广袤的银河系中，在太阳的保护下，在地球上，生命寂静地、谨慎地、不事张扬地诞生了，这是一种在现在看来极为惊人的诞生。

地球的地壳，连同海洋、大气、特定的环境条件（比如温度）以及某些关键元素（比如碳、氢、氮、氧、磷和硫）出现了。

受到包裹在外层的膜的保护，许多过程就发生在一个被称为"细胞"（cell）的单留出来的"不似之处"[1]。生命就诞生在那个首次出现的细胞中，甚至不如说生命就是那个细胞，这是一个由彼此关系密切的化学分子构成的非凡聚合，接踵而至的是能够保证自我维持的化学反应，这滴答、跳动、重复的反应周而复始。细胞会自行并自动地修复一些不可避免的损耗。当某一部分受到损耗后，细胞会大致精确地替换掉它，这样，细胞就能维持它的功能性安排，生命也能不受减损地得以延续。人们将实现这一壮举的化学路径命名为"新陈代谢"（metabolism）。新陈代谢过程要求细胞尽可能有效地从环境中提取必要的能量，为了重建耗损的机构，它还必须同样有效地使用这些能量，同时排泄掉废弃物。"新陈代谢"是一个在19世纪末期才新创出来的词语，它源于古希腊语中"变化"（change）这个词。新陈代谢包含分解代谢（catabolism）和合成代谢（anabolism）两个过程：分解代谢就是分子分解而导致能量的释放；合成代谢是一个消耗能量的建构过程。英语和罗马语系的metabolism一词的词义相当模糊，不像对应的德语单词stoffwechsel那样明确，它的意思是"材料、物质的交换"。弗里曼·戴森（Freeman Dyson）充满热情地指出，这个德语词清楚地表达了新陈代谢的含义[2]。

但生命过程不只是不偏不倚地维持平衡。从许多可能的"稳定状态"中我们不难发现，处在巅峰力量状态下的细胞会自然地趋向于那些最有利于正能量平衡的稳定状态，生命能在这种盈余状态下得到优化并深入未来。这样，细胞才能兴旺。就此而言，兴旺既意味着一种更有效的存活方式，也意味着繁殖的可能性。

不管多么艰辛，生命都有一种存活和发展的欲望，这种欲望既不是深思熟虑过的，也不是有意为之的，而执行这种欲望所需的那组协调过程被称为内稳态。我知道，"并非有意为之"和"未经深思熟虑"这两个概念与"欲望"似乎是相互矛盾的，尽管存在这种明显的对立，但用这些概念来描述这个过程却是最方便的。在生命开始之前，似乎不存在与之完全可比的过程。尽管我们可以在原子和分子的行为中想象到一些先兆，但是，生命的自然发生状态似乎依赖于特定种类的基质和化学过程。**我们有理由说，内稳态起源于最简单的细胞生命，在所有形态和尺度上，细菌都是生命最基本的范例。**内稳态是这样一种过程：它对抗着物质陷于无序的倾向，从而在一个新水平上维持物质的秩序，它是一种最有效的稳定状态。这种对抗利用了最小作用量原理，最初阐明这个原理的人是法国数学家皮埃尔·莫佩尔蒂（Pierre

Maupertuis）。基于这个原理，生物体能最有效且尽可能快地消耗自由能量。你想象一下杂耍艺人扣人心弦的工作：他们必须一刻不停地让所有被抛出的球保持在空中而不落下。通过这种戏剧性的呈现，你可以窥见生命的脆弱和风险。现在一想到杂耍艺人还想用他的优雅、速度和才华来打动你，你会禁不住地想到他已经在考虑表演一个更好的技法了[3]。

简言之，每个细胞都展现出一种维持自身生命并向前发展的强劲的、似乎不屈不挠的"意图"，事实上，所有细胞永远都会如此。这种不屈不挠的意图只有在生病或衰老的状况下才会失效，这时细胞会在一个被称为凋亡的过程中土崩瓦解。**在此我想强调一下，我认为细胞并不具有同有心智和有意识的高级生物一样的意图、欲望或意志，但它们的行为表现得它们好像确实具有意图。**当读者或我产生了意图、欲望或意志时，我们能以心智的形式清楚地展现出这个过程的若干方面；细胞个体却不能——至少不能以相同的方式来展现，它们行动的目标就是存活下去，这些行动是非意识的，是特定化学基质和相互作用的结果。

这种不屈不挠的意图对应于哲学家斯宾诺莎以"自然倾向"（conatus）这个直觉概念所表达的"力量"（force）。我们现在知道，它出现在每一个生命细胞的微观尺度上，并且我们能够预想，在宏观尺度上，在我们看到的自然中的每个地方，它会深入到像人类这种由亿万个细胞构成的有机体整体中，深入到脑中数以亿计的神经元中，深入到具身之脑（embodied brain）的心智中，深入到不计其数的文化现象中，而这些文化现象是人类有机体群体千百年来不断建构和修补才完成的。

试图不断实现一种得到正向调节的生命状态很大程度上决定着我们的存在，可以说这是我们的存在的第一现实（first reality），正如斯宾诺莎在描述每个生物永不止息地保存自身之存在的努力时所说的那样。"奋斗"、

"努力"和"倾向"这些概念混合在一起接近于拉丁语"自然倾向"所表达的词义，斯宾诺莎在其《伦理学》（*Ethics*）第3部分的第6、7、8命题中就是这样使用这些词语的。用斯宾诺莎自己的话来说，"每个事物，只要在自己的能力范围内，都会努力保持自身的存在"，"每个事物竭力保持自身的那份努力就是那个事物的实际的本质"。我们现在也可以事后诸葛亮一样地说，斯宾诺莎认为建构生物体的目的就在于维持其结构和功能的一致性，以便尽可能久地对抗那些威胁它的不利条件。值得注意的是，斯宾诺莎在莫佩尔蒂提出最小作用量原理之前就得出了这些结论。斯宾诺莎差不多在莫佩尔蒂提出最小作用量原理的半个世纪前就去世了，如果他活着的话，一定会很欢迎莫佩尔蒂对自己想法的支持[4]。

尽管随着个体的发展、组成部分的更新以及衰老，身体会经历很大的变化，但自然倾向仍然致力于维持那个相同的个体，遵守最初的构架蓝图，并因此保证了与那个蓝图息息相关的生机活力。是仅仅满足存活的生命过程就可以，还是要获得最优状态的生命过程，对应的生机活力在范围上可能会有所变化。

诗人保罗·艾吕雅（Paul Éluard）曾写过这样的诗句："dur désir de durer"（生生不息的存活欲望），这是描述自然倾向的另一种方式，它带着令人难忘的法语头韵音节串之美。我把它直白地译为"坚定的存活欲望"。威廉·福克纳（William Faulkner）写过"endure and prevail"（存在并兴旺），他也以非凡的直觉提到这种自然倾向在人类心智中的投射[5]。

行进中的生命

今天，我们的周围、体表和体内存在着大量的细菌，但38亿年前就存在的那些细菌没有留下来。它们是什么样的？那些早期的生命究竟是什么样的？要拼接出它们的形象需要收集来自不同线索的证据，然而生命开端与现在之间的"缺口地带"只有零星的记录。生命究竟是如何诞生的？每个人都可以对这个问题提出自己的猜想。

乍看之下，随着DNA结构的发现、RNA角色的阐明和遗传密码的破解，人们似乎认为生命必然来自遗传物质，但这个观念面临一个主要问题：生命建构的第一步是分子自发地组合在一起，但是实现如此复杂的自发过程的可能性是微乎其微的[6]。

这个对生命的深深困惑以及由此产生的不同看法是完全可以理解的。1953年，DNA双螺旋结构的发现在当时是并且现在仍然是科学史上的一个奇迹。这个发现理所当然地影响了随后对生命的构想。DNA不可避免地被我们看作生命分子，并进一步被视为生命开端的分子。但是一个如此复杂的分子如何能将自身自发地组合在原始汤①中？从这个角度而言，生命自发出现的可能性太微乎其微了，因此我认为弗朗西斯·克里克（Francis Crick）对生命是否在地球上起源的怀疑是有道理的。他与索尔克研究所（the Salk Institute）的同事莱斯利·奥格尔（Leslie Orgel）认为，生命有可能来自外太空，它是被无人驾驶的火箭船带到地球上的。这类似恩利克·费米（Enrico Fermi）的观点，即来自其他行星的外星人来到地球并带来了生命。这个主张让人感到有趣的一点是，它只是将这个问题推了到另一个行星。与此同时，外星人可能已经销声匿迹了，或者也许外星人就在我们中间，却不为人知。匈牙利籍物理学家利奥·西拉德（Leo Szilard）颇为投机地认为，外星人当然仍然在我们中间，但是"他们称自己为匈牙利人"[7]。而另一个匈牙利人，生物学家和化学工程师蒂博尔·甘蒂（Tibor Gánti）对生

---

① 是指大约 42 亿至 40 亿年前地球上存在的一种环境假设条件，与生命起源息息相关。——译者注

命是从别处载运过来的观点提出了批评，克里克最终也放弃了这个观点[8]。尽管如此，这个针对生命出现的困惑还是引发了广泛的讨论。20世纪一些著名生物学家也加入了讨论，例如雅克·莫诺（Jacques Monod）就是一个"生命怀疑论者"，他相信"宇宙并没有孕育生命"，不过克里斯汀·德迪夫（Christian de Duve）却持完全相反的观点。

今天我们仍然面临两个相互矛盾的观点：一个我们称之为"基因复制优先"（replicator-first），另一个我们称之为"新陈代谢优先"（metabolism-first）。基因复制优先这个观点的吸引力在于人们对遗传机制已经有了相当合理的认识，而且它也非常令人信服。人们很少停下来思考生命的起源，而当他们这么做时，基因复制优先的观点成了默认的解释。既然基因能够帮助管理生命和遗传生命，为什么它们就不会启动生命之球的运转呢？理查德·道金斯（Richard Dawkins）就支持这个观点[9]。原始汤会产生基因复制分子，基因复制分子会产生生命体，生命体接着在其被安排好的生命周期中竭力保护基因的完整性，保证它们在演化选择的征程中胜利前行。斯坦利·米勒（Stanley Miller）和哈洛德·尤里（Harold Urey）在1953年的报告中提出，试管中等价的雷暴能够产生氨基酸，它是蛋白质的基本成分。这使得简单的化学开端看上去是合理的[10]。最终，它们合成出像我们这样的身体，并赋予它以脑、心智和创造性智力，而这样的身体会再次开启基因竞标。一个人认为这种解释是否合理取决于他的学术口味。困难并没有因此被一带而过，因为在生命起源这个问题上，没有什么是一目了然的。有人提出了支持这个观点的设想，他们认为大约38亿年前的地质条件适合RNA核酸的自发组配。RNA世界解释定义了新陈代谢的化学自动催化循环和基因传递。在关于这个主题的不同观点中，起催化作用的RNA确实完成了双重任务：复制和发生化学反应。

然而，我发现的最有说服力的那些事件却支持新陈代谢优先的观点。正如蒂博尔·甘蒂认为的那样，起初这只是平凡的化学反应。原始汤包含着关键成分，并且存在足够有益的条件，比如热井和雷暴，某些分子和某些化学路径被组配起来，并启动了不曾间断的原始代谢活动。生命活动是作为一个化学戏法开始的，广泛的化学反应必然导致这样的结果，但是生命物质会被内稳态的命令所渗透，并由它制定议程。除了选择日益稳定的分子和构造细胞的力量，以实现生命的持续和正向能量的平衡外，还有一组幸运的事件使得诸如核酸这种自我复制的分子开始参与生殖过程。这个过程实现了两项成就：一是形成了内部生命调节的中心组织模式，二是形成了取代简单的细胞分裂的生命基因传递的模式。具有双重任务的遗传机制的完善活动自此就不会停止了。

弗里曼·戴森已经令人信服地阐明了新陈代谢优先的观点，有许多化学家、物理学家和生物学家都支持这种观点，其中有J. B. S. 霍尔丹（J. B. S. Haldane）、斯图尔特·考夫曼（Stuart Kauffman）、基思·贝弗斯托克（Keith Baverstock）、克里斯汀·德迪夫、P. L. 路易西（P. L. Luisi）。智利生物学家亨伯特·马图拉纳（Humberto Maturana）和弗朗西斯科·瓦雷拉（Francisco Varela）在他们命名为"自创生"（autopoiesis）的过程中也很好地捕捉到了这个过程的自主性，即生命的所有方面都是从内部产生的，是自我启动的和自我维持的[11]。

根据新陈代谢优先的观点，有一点很有意思，内稳态"告诉"细胞务必尽职尽责，以便维持它自己的生命。在基因复制优先的观点中，人们认为基因也要对生命细胞做同样的训诫，差别只在于基因的目标在于它自身的持续，而不是这个细胞的生命的延续。最终，不管万物究竟是如何诞生的，内稳态的命令不仅表现在细胞的新陈代谢机制中，而且也表现在对生命进行调节和复制的机制中。在DNA的世界中，单细胞有机体与多细胞有机体这两种独特的生命形态最终被赋予了能够复制自身和繁殖后代的基因机制，但是这种帮助有机体进行繁殖的基因机制也帮助有机体调节基本的新陈代谢。

简单地说，无论是在有细胞核或没有细胞核的低级别细胞的水平上，还是在像人类这种大型多细胞有机体的水平上，这个被称为生命的不似之处有两个关键特征：一是具有能够尽可能维持内部结构和运作以调节生命的能力，二是具有通过繁殖自身从而得以延续的可能性。这就好像我们每一个人、我们身体中的每一个细胞以及所有其他细胞都以一种非同寻常的方式组成了一个单一的、巨大的超级有机体，这个有机体是独一无二的，它始于38亿年前并且现在仍在延续。

回过头来看，这与埃尔温·薛定谔对生命的定义完全一致。薛定谔作为一位诺贝尔物理学奖获得者，在1944年大胆进入了已经成果累累的生物学领域。他的杰作《生命是什么？》表达了对基因代码所需小分子的可能排列的预想，而他的观念对克里克和詹姆斯·沃森（James Watson）有着非常重要的影响。下面这段关键表达体现出了他对《生命是什么？》一书的标题所提问题的回答[12]。

"生命似乎是物质的有序和有则可循的行为，它不是以有序到无序的倾向为基础，而是部分地基于被保持的存在秩序。""被保持的存在秩序"（existing order that is kept up）这个观念完全是斯宾诺莎式的，薛定谔在其书的开篇就引用了这位哲学家的观点。按照他自己的话来说，"自然倾向"这个词代表的就是对抗万物自然地趋向于无序的力量，薛定谔看到的对抗就出现在生物体以及他所构想的遗传分子中。

薛定谔问道："生命的典型特征是什么？我们什么时候可以说一块物质是有生命的？"他的回答是：

它持续地"有所作为"、运动、与环境交换物质等的时候。而且我们期望它比一块无生命的物质在类似的情况下"维持下去"的时间要长得多。当一个无生机的系统被孤立出来或者被放在一个均匀的环境里时,由于存在各种摩擦力,所有运动都很快停顿下来,电势和化学势的差别消失了,倾向于形成化合物的物质也是如此,温度也由于热传导而变得均匀了。此后,整个系统衰退成为一团死寂的、惰性的物质。这就达到了一种持久不变的状态,其中不再有任何可观察的事件。物理学家把这种状态称为热力学平衡状态或熵最大化状态。

内稳态实现生命最优化

受到精心维护的新陈代谢,即由内稳态引导的新陈代谢,不但定义了生命的开端及其前进方向,而且它也是演化的驱动力。剩下的工作,包括对新陈代谢的集中调节和复制,则由自然选择完成,而引导自然选择的力量则关注如何从环境中最有效地汲取营养成分和能量。

在大约40亿年前似乎不存在任何类似生命及其命令的东西,那时的热耗散产生了液体水,这意味着要使正确的化学物质在正确的地点出现需要花几乎10亿年的时间,这是在地球形成并冷却下来后不久。接着,新奇的生命出现了,从而开启了通向复杂性和形形色色物种的不懈进程。生命是否还存在于其他地方?这仍是一个悬而未决的问题,要回答它还有待于适当的探索。甚至有可能存在具有不同化学基础的其他种类的生命,但我们对此还不得而知。

我们现在还做不到在试管中从零开始创造生命。我们知道生命的成分,我们知道基因如何把生命传递给新的有机体以及它们如何在有机体中管理生命，而且我们能在实验室中创造有机的化学成分。我们可以成功地将一个基因组移植到一个已经剔除了自己的基因组的细菌中。新插入的这个基因组将经营这个细菌的内稳态，并且容许它进行大致完美的复制。人们可能会说这个新的基因组被它自己的自然倾向所占据，并且能展开它的意图。但是从零开始，正如它曾经存在于前所未有的不似之处那样完全从前基因的化学生命开始创造生命，这仍然是我们目前无法做到的[13]。

组织化学反应从而产生生命的举动是一个不同寻常的举动。

我们可以理解，绝大多数关于生命科学的对话都集中在让人惊异的基因机制上，因为它负责生命传递和一部分生命调节。但是当我们谈到生命本身的时候，基因并不是所谈论的一切。事实上，我们可以合理地假设：自人们在生命形式中第一次发现内稳态的命令，它就是先于遗传物质的，而不是相反。**之所以如此，是因为内稳态实现了生命的最优化，这是一种无须魔力的努力，其背后的机制是自然选择。**遗传物质会辅助内稳态的命令，使之达到最优：通过负责产生后代（一种保障持续的努力），遗传物质实现了内稳态的终极结果。

负责内稳态的生物结构和操作包含使自然选择得以发挥作用的生物价值。这种说法有助于探讨起源的议题，并将关键的生理过程置于生命过程及其潜在化学活动的特定条件中。

基因在生命史中处于哪个位置并非一个微不足道的议题。生命、内稳态命令和自然选择预示了遗传过程的表现，并从中获益。生命、内稳态命令和自然选择还解释了演化过程中出现在单细胞生物体身上的智能行为（包括社会行为），并且也解释了最终出现在多细胞生物体身上的神经系统以及它们富有感受、意识和创新力的心智。心智是手段，人类最终可以凭借它从各个方面探询自己的处境（不管是好还是坏），并且潜在地支持或抗拒内稳态的命令，尽管最初是内稳态命令才使这种探询成为可能的。再申明一下，基因无疑是重要的、有效的，甚至是有些专制的，但基因在万物秩序中的位置仍是一个有待讨论的问题。

地球上的生命

地球的诞生	化学作用和原细胞	第一个细胞	真核细胞	多细胞生物	神经系统
45亿年前左右	40亿年前到38亿年前	38亿年前到37亿年前	20亿年前	7亿年前	5亿年前

03

内稳态，维持生命兴旺的机制

在例行公事般的年度体检中，测量血压在首要的几项中。所有明智的读者都定期测量过血压，并且熟悉医生所说的"舒张压"和"收缩压"有一定的范围。某些读者可能有高血压或低血压，这时医生会告诉他们要改变饮食习惯或吃点儿药，以便让血压回到可接受的范围。为什么要如此小题大做呢？因为一个人的血压变动有一个可容许的范围，只允许有限的波动。我们知道，生物体会自动调节这个过程并避免过度偏离下限和上限。当自然的安全装置失效时，麻烦会随之而来；如果失效得太厉害，麻烦会即刻出现；如果这种失效一直持续，将会对生物体的未来产生严重后果。你的医生要找的证据就是，看看你的其中一个系统是不是在按照正常的模式运转。

"内稳态"和"生命调节"经常被看作同义词。这符合传统的内稳态概念，它指的是一种出现在所有生物体中的能力，这种能力能持续和自动地维持生物体的功能运转，将化学和一般生理参数维持在适合生物体生存的数值区间内。这个狭义的内稳态概念不能充分地体现这个术语所指的现象的复杂性和范围。

可以肯定的是，不论我们考虑的是单细胞的生命形式，还是像人类这样复杂的生物体，生物体几乎在其运作的每个方面都要承担核验自己的责任。

因此，内稳态机制的意思是，它首先必须是完全自动的，并且只与生物体的内环境状态有关。为了符合这个定义，人们经常用恒温器作类比来解释内稳态概念：一旦达到某个预先设定的温度，该装置就会自动地向自己发布指令，或者暂停当前的操作（制冷或加热），或者重新启动。**然而，这个传统的定义以及它所激发的典型解释并没有提供它被应用于生命系统时所适用的条件的范围。让我解释一下为什么这个传统观点不够丰富。**

第一，内稳态过程所争取的不只是稳定状态。回想一下，单细胞或多细胞生物体仿佛在力争一类有利于其兴旺的特定稳定状态。这是一种可以被描述为旨在服务于生物体未来的自然的正向调节（upregulation），即一种通过优化生命调节和可能后代来及时规划自己的未来的倾向。我们可以说，生物体有保障自身健康及其他方面的需求。

第二，生理运作很少像恒温器一样遵守固定的数值点。相反，生理运作过程的调节是有深浅和等级的，不同的级别最终对应着完美程度不同的调节过程。这个过程就对应于人们通常体验到的感受，并且这两者紧密相关：前者（即既定生命状态的相对好坏）是后者（即感受）的基础。关于这一点，我们可以这样想，通常我们无须去医生那里就可以知道我们的基本健康状况是否良好，我们也不需要为此验血。感受为我们提供了一个有关我们自身健康状况的实时透视。不同程度的健康或不适的感受是侦测身体状况的前哨。当然，单纯凭借感受可能使我们错过某些疾病的肇端，而情绪性感受可能会掩盖正在进行的自发的内稳态感受，从而妨碍它们传递清晰的信息。然而，感受往往会把那些我们需要知道的事告诉我们。我们确实没有理由只依赖于感受来照顾自己，但指出感受的基础角色和实用价值是很重要的，这无疑是感受在演化中被保留下来的原因。

第三，要想全面理解内稳态，就必须把这个概念应用到如下一些系统中：无论是个体还是社会群体，有意识和慎思的心智会介入自动调节机制，并创造出新的生命调节形式，这些新的调节形式与基本的、自动的内稳态有相同的目标，即获得使生命得以兴旺、充满活力和得到正向调节的生命状态。

第四，无论我们考虑的是单细胞还是多细胞生物体，内稳态本质上是一项管理能量的艰辛事业，包括获取能量，以及把能量分配给诸如修复、防御、生长和生养后代这类关键工作中。对任何生物体来说，这都是意义非凡的努力，对人类来说更是如此，因为人类自身的结构、组织和所处环境更复杂。

这项事业的等级差别非常大，以至于它的结果可以从低水平的生理机能开始，并在高水平的认知功能中彰显自己。例如，众所周知，随着环境温度的上升，我们不仅需要调节体内生理机能以应对水分和电解质的流失，而且我们的认知功能也会变差。体内生理机能的调节能力的减弱会导致疾病和死亡，这不足为奇。众所周知，持续的热浪不仅会使死亡人口增加，还会导致更多的谋杀和暴力事件[1]。此外，学生的考试成绩会大幅下降，人们交往时的礼貌和礼仪似乎也与温度有关[2]。内稳态与生理机能的关系保持在生命秩序的所有层次中。为了躲避热浪，人类最初做出的聪明的文化反应是使用扇子，后来还发明了空调，而这些智力举措十有八九都是在阴凉处想出来的。这是一个很好的范例，它展示了内稳态是如何驱动技术发展的。

内稳态的不同种类

传统和狭义的内稳态概念很难或者通常也不会让人想到这样一个事实：自然演化出了两种不同的内环境控制机制，而"内稳态"一词既可以指其中一种，也可以兼指两者。因此，人们很容易错过演化发展的非凡重要性。"内稳态"一词通常的用法是指非意识形式的生理机能控制，对生物体而言，这种控制形式无须主体性或慎思就能自动运行。很显然，正如我们前面在细菌中看到的那样，内稳态即使在没有神经系统的生物体中也运转得很好。

事实上，在能量耗尽的时候寻找食物或水，这种事情对大多数生物来说无须任何意志介入就能完成。而且，要是在环境中得不到食物或水，多数生物也能自动地应付这样的问题。生物体体内的激素会自动分解储存的糖分，把分解的糖分释放到血液里，以弥补当前能量来源的缺失。同时，生物体会自动地受到驱动，以增强对能量来源的搜索力度。在食物摄取这个所需方案未能实现的时候，这些措施的首要目的是为了存活。同样，当体内水分减少时，肾脏的活动会自动停止或减慢。在生物体等待更好时机的时候，这种方式能防止或减少排尿，并恢复水合作用的正常水平。每当气温降低或能量摄取不足时，一些生物体就会采取冬眠这样一种自然的应对策略[3]。

然而，对数量众多的生物体，当然也包括对人类来说，这个狭义的"内稳态"的用法是不充分的。人类确实还在很好地利用自动控制机制，并从中受益：正如我们已经注意到的，通过一系列无须个体有意识介入的复杂操作，血流中的葡萄糖浓度能自动校正到一个最佳范围。例如，产生自胰腺的胰岛素会调节葡萄糖水平；类似地，循环水分子的量能通过排尿而得以自动调节。然而，在人类和其他众多有复杂神经系统的物种中，存在着一个补充机制，它涉及能表达价值的心智体验。我们已经知道，这个机制的核心是感受。但正如"心智"和"体验"这两个词语所暗示的，只有在心智和相应的心智现象存在后，并且在心智变成有意识的和拥有体验后，此处所指的那种完整意义上的感受才会出现[4]。

内稳态的现在

我们在细菌、简单动物和植物中发现的那种内稳态要先于心智的发展，而心智后来又拥有了感受和意识。这些发展让心智能一点一点地介入预置的内稳态机制，甚至在之后，创新和智能的发明将内稳态扩展到了社会文化领域。然而，说来奇怪，始于细菌的自动内稳态包括并且事实上需要感官和反应能力，而它们正是心智和意识的简朴源头。

感官活动在细菌细胞膜中的化学分子的层次上就存在了，而且感官活动也存在于植物中。植物能感觉土壤中特定分子的存在（事实上它们的根尖就是感官），并相应地做出行动：它们能向可能富含内稳态所需分子的土壤区生长[5]。

关于内稳态的流行观点会让人联想到"均衡"（equilibrium）和"平衡"（balance），希望读者能原谅我将"流行"和"内稳态"这两个词语放在同一个句子中所造成的不相称感。但当我们应对生活时，我们要的根本不是均衡，因为热力学上所说的均衡意味着零热差和死亡。而在社会科学中，它的含义则更为温和，因为它仅仅意味着由势均力敌的两股力量带来的稳定。我也不想用"平衡"，因为它让人联想到停滞和无聊！多年来，我习惯这样来定义内稳态：它对应的不是一种中立状态，而是这样一种状态，即生命活动被正向调节到安康状态，这种对安康的潜在感受预示了内稳态是面向未来的强有力投射。

我在约翰·托迪（John Torday）的阐述中发现一个类似的观点，他也反对准静态的内稳态观，即维持现状的观点。反之，他坚持一种视内稳态为演化驱动者的观点，即内稳态创造了一个受到保护的细胞空间，于是，催化循环可以在其中完成它们的工作并真正活跃起来[6]。

内稳态的根源

我们应该把内稳态背后的观念归功于法国生理学家克劳德·伯纳德（Claude Bernard）。19世纪后期，伯纳德得到了一个开创性的观察结果：生命系统需要将其内环境的很多变量维持在很窄的范围内，这样生命才能持续[7]。如果没有这种严格的控制，生命的魔法就会消失。内环境（最初的用语是milieu intérieur）本质上是大量相互作用的化学过程。我们可以在血流中，在内脏（它们在这里帮助完成新陈代谢）中，在诸如胰腺或甲状腺的内分泌腺中，在神经系统的特定区域和回路（这些区域和回路可以对生命调节的各个方面进行协调，其中下丘脑是最典型的区域）中找到典型的化学过程和它们的关键分子。这些化学过程通过确保水、营养成分和氧按需分配到生命组织中，使得能量源转化为能量本身。对于构成所有身体组织和器官的细胞而言，只有这样做才能维持它们的生命。只有严格遵守内稳态的界限，由活的细胞、组织、器官和系统组合到一起构成的生物体才能存活。如果偏离了特定变量的所需水平，就会导致疾病，除非做出或多或少的快速修正，否则极端的结果就是死亡。所有活的生物体都被赋予了自动的调节机制，这些机制是基因组的杰作，并由基因组签字担保。

"内稳态"这个术语是在克劳德·伯纳德之后几十年由美国生理学家沃尔特·坎农（Walter Cannon）创造的[8]。坎农指的也是生命系统，并且当为这个过程创造"内稳态"这个名字时，他选择了希腊词根homeo-（相似），而不是homo-（相同）。因为他思考的是大自然所设计的系统，其变量通常展现出一定的范围，如水合作用、血糖、血钠、温度变量等。他显然不是在思考固定的设置值，这些通常出现在诸如恒温器等人类设计的系统中。作为对内稳态的补充，一对同义词"稳态应变"（allostasis）和"异态"（heterostasis）在稍后被引入学界，引入它们的一个有效目的是让大家注意范围问题，即生命调节是相对于一个数值范围而非一个定点的[9]。虽然这两个新造词背后的观念符合伯纳德所意指的观念，也符合坎农用最初的术语命名的观念，不过，这些新的术语还没有成为习惯用语[10]。

我更赞成用另外一个术语，即"动态内稳态"（homeodynamics）。这个术语是由米格尔·怡安（Miguel Aon）和大卫·劳埃德（David Lloyd）发明的[11]。当动态内稳态系统（正如生命系统当然如此一样）失去稳定性时，它会自行组织其运行。在那些分岔点，它们表现出的复杂行为的特征可以用诸如双稳分岔、临界值、波动、斜度和分子的动态重排等来表示。

克劳德·伯纳德对内环境调节的提法远远超出了他的时代，因为他的提法不仅可以针对动物，也可以针对植物。仅仅是在他去世后出版的那本著作的书名在今天听起来就够惊人的：《论动植物共有的生命现象》（*Lectures on the Phenomena of Life Common to Animals and Plants*，法文名为*Leçons sur les phénomènes de la vie communs aux animaux et aux végétaux*）。

传统上，研究植物与研究动物的学者都认为这两个领域相去甚远，但克劳德·伯纳德认为植物与动物有相似的基本需求。植物像动物一样是需要水和营养成分的多细胞生物体，植物有复杂的新陈代谢，植物没有神经、肌肉或明显可见的运动。尽管有几个显著的区别，但植物有昼夜节律，同时，它们的内稳态调节使用了一些人类的神经系统也同样使用的分子，如血清素、多巴胺、去甲肾上腺素等。人们通常认为植物是不移动的，但植物的运动其实要多于我们的眼睛所见到的。我不仅指捕蝇草快速地合上叶子以捕捉爱冒险的昆虫，或某些花朵在阳光下敞开而又在黄昏时谨慎地闭合，植物根系或树干的生长本身就构成了运动，它是通过真实物质元素的叠加而产生的。通过快速播放那些人们耐心拍摄的植物生长的纪录影片，研究者可以很容易地证明这点。

克劳德·伯纳德还认为，无论在植物中还是动物中，内稳态均得益于共生关系。举一个典型的例子，花朵的气味吸引了蜜蜂，蜜蜂为制造蜂蜜飞到花上采蜜，这同时也完成了植物所需要的授粉过程，从而达到了将植物的种子散播出去的目的。

我们今天发现，共生的范围远远超出克劳德·伯纳德当时的预想。对动物和植物而言，共生的范围包括来自不似之处的生物体，即细菌，这是一个庞大而种类繁多的原核生物领域。我们的身体就像一栋运转良好的住房，数以万亿计的细菌就盘踞其中，这些细菌为我们的生命贡献了有利的东西，反过来也获得了寄宿和摄食的好处。

04

从单细胞到神经系统和心智

自细菌生命诞生以来

　　我请求读者暂时把人类的心智和脑放一边，转而考虑一下细菌的生命。这样做的目的是看看单细胞是在何处以何种方式最终进入引领人类出现的漫长历史中的。这个举动乍听起来可能有点儿抽象，因为我们还不能用肉眼去看细菌。但是如果你用显微镜看它们，并且当你了解了它们的惊人成就时，那么你根本不会觉得这些微生物抽象了。

　　细菌无疑是最初的生命形式，并且它们至今还与我们共存。但是，如果说它们仍然存在于我们周围是因为它们是勇敢的幸存者，那么这种理解就太浅陋了。它们碰巧是地球上数量和种类最多的生物。不仅如此，很多种细菌还是我们人类身体的构成部分。在漫长的演化史中，很多细菌已经融合进人类身体的更大细胞中，现在很多细菌就和谐地共生在我们每个人的身体中。在每个人的身体中，细菌数量要比细胞数量还多。这个数量差别非常惊人，前者是后者的10倍。单单在人的肠道中，通常就有大约100万亿个细菌，而在人的整个身体中，所有类型的细胞加起来大约只有10万亿个。微生物学家玛格丽特·麦克福尔–恩盖尔（Margaret McFall-Ngai）有过一个恰当的比喻："植物和动物是一层覆盖在微生物世界上的膜[1]。"

细菌的巨大成功有其原因。它们是非常智能的生物，这是描述它们的唯一方式。引导它们智力的不是来自某个具有感受和意图的心智，也不是来自某个有意识的视角，但它们可以感觉环境的状况，并能做出有利于延续自己生命的反应。这些反应往往是精细的社会性行为。细菌可以相互交流，当然不是用语词，而是用胜过千言万语的可传递信号的分子。它们通过执行计算来评估自己的处境，并依此决定要么独立生活，要么为情势所迫而聚在一起生活。这些单细胞生物体的内部既没有神经系统，也没有人类意义上的心智。可是它们具有类似知觉、记忆、交流和社会治理的能力。这些"无脑或无心智的智能"完全依赖于电化学活动的网络，神经系统最终拥有了这种网络，并在演化后期推进和开发了这种网络。换言之，在演化过程中的晚些时候，神经元和神经回路充分利用了这些古老发明，而这些发明最初完全仰仗分子的反应以及细胞体（即细胞骨架，实际上就是细胞内的支架结构）和细胞膜的成分。

　　历史上，在细菌（即被叫作原核生物的无核细胞）世界出现了大约20亿年后，更复杂的有核细胞或真核细胞的世界才出现。之后，多细胞生物体在六七亿年前出现。尽管人们更津津乐道的是竞争在演化史上的地位，但在这个漫长的演化和成长过程中，有力合作的例子无处不在。例如，细菌细胞与其他细胞合作，由此产生出更复杂细胞的细胞器，线粒体就是这样一个例子，它是一种位于细胞生物体内的小器官。就技术上来说，我们自己的某些细胞最初就是将细菌融合到它们的结构中，接着有核细胞又融合构成组织，之后这些组织再融合形成器官和系统。它们遵循的原则是一样的：生物体放弃某些东西，以换取其他生物体回馈给它们的东西。从长远来看，这将让它们的生命更高效，也更有可能存活下来。通常，细菌、有核细胞、组织或器官放弃的是独立性，而让它们受益的则是能够使用"公共资源"，即合作约定所带来的不可或缺的营养物质或有利的一般状况，例如获得氧气或有利气候。下次当你听到有人嘲笑国际贸易协定是一个糟糕的想法时，不妨想一下这种生物合作。当学界还没怎么考虑共生这个观念时，著名生物学家林恩·马古利斯（Lynn Margulis）就已经在复杂生命的建构中提倡共生了[2]。

合作过程背后站着的是内稳态命令，而"一般"系统出现的背后耸立的也是内稳态命令，它贯穿在所有的多细胞生物体中。如果没有这些"全身系统"，多细胞生物体的复杂结构和功能就无法实现。这类发展的主要例子是循环系统、内分泌系统（负责把激素分配到各个组织和器官中）、免疫系统和神经系统[3]。循环系统让营养分子和氧气能够分配到身体的每个细胞中。循环系统分配的这些营养分子来自肠胃系统的消化吸收，没有这些营养分子，细胞就无法存活，没有氧气也是一样。我们可以将循环系统想象为最初的亚马逊网购系统。循环系统还有其他值得我们注意的成就：收集大部分由代谢交换产生的废物并把它们成功地排泄到体外。之后，它们还发展出内稳态的两个关键助手：激素调节和免疫系统。当然，在参与内稳态的所有生物体系统中，神经系统是最高级的，接下来我会转向对神经系统的阐述。

神经系统的演化

神经系统是何时进入演化征程中的呢？据推算是在前寒武纪时期，寒武纪大约结束于6亿年前到5.4亿年前，这当然是一个久远的年代了，但如果与最初生命出现的年代比起来，它就没有那么古老了。生命，甚至是多细胞生命，在没有神经系统的情况下也有效延续了30亿年。在我们确定知觉、智力、社会性和情绪在世界舞台上首次登场的时间之前，我们应该仔细考虑一下这条时间线。

从今天的视角来看，当神经系统登场时，它们促使复杂的多细胞生物体能更好地处理遍布生物体的内稳态，并因此保证这些生物体能进行身体和功能的扩展。**神经系统是为服务生物体的其余部分（更精确地说，就是身体）而出现的，而不是反过来。**我们可以说，某种程度上神经系统的功能在今天仍然服务于身体。

神经系统有几个与众不同的特征，最重要的一点与一种定义它们的细胞——神经元有关。神经元是易兴奋的。这意味着当一个神经元变得"活跃"时，它可以产生一次从细胞体传向轴突（从细胞体上延伸出的纤维）的放电，接着电流会进一步在神经元与另一个神经元或肌肉细胞的接触点上引起被称为神经递质的化学分子的释放。在这个被称为突触的接触点上，释放的神经递质激活了随后的细胞，它可以是另外的神经元，也可以是肌肉细胞。身体中的其他类型的细胞很少有这种可堪比拟的本领，即结合电化学过程并让其他细胞活跃起来。神经元、肌肉细胞和某些感官细胞是其中的典型[4]。我们可以把这项本领看作对像细菌这样的简单细胞生物体最初完成的平凡成就（即生物电信号）的发扬光大[5]。

独一无二的神经系统背后的另一个特征来自这样一个事实，即神经纤维（神经元细胞体上伸出的轴突）几乎伸展到身体的每个角落，包括内脏、血管、肌肉、皮肤以及凡是你能想到的身体的任何地方。为了做到这点，神经纤维经常要从居于中间位置的细胞母体开始，跨行很长一段距离。然而，这个遥远的终端特使的出现会有恰当的回报。在演化形成的神经系统中，一簇互惠的神经纤维向相反方向跨越，从身体的各个部位传到神经系统的中枢机构，对人类来说，这个中枢机构就是脑。从中枢神经系统发出的延伸到周围神经系统的神经纤维的根本任务是触发行为，比如化学分子的分泌或肌肉的收缩。这些行动是非常重要的：通过向外围递送分泌出的化学分子，神经系统改变了接受这些分子的组织的活动；通过收缩肌肉，神经系统产生了运动。

同时，神经纤维还沿着相反的方向，从生物体内部传向脑，执行被称为内感知（interoception，也被称为内脏感知，因为它们的很多工作都涉及内脏中正在发生的事）的操作。这类操作的目的是什么呢？答案是监控生命状态。简言之，这是一项大范围的监听和报告工作，其目的是为了让脑知道身体其他部位正在发生的事情，由此脑才可以在需要和恰当的时候进行干预[6]。

对此，我们需要注意一些细节。首先，内感知的神经监控工作继承自一种更早也更原始的系统，这个系统容许流动在血液中的化学分子直接作用于中枢神经系统和周围神经系统。这个古老的化学式内感知路线将身体本身内部正在发生的事报告给神经系统。显然，这个古老的路线是互惠的，因为源自神经系统的化学分子会进入血流，并能影响新陈代谢的某些方面。

其次，在诸如人类这样有意识的生物中，第一级的内脏感知信号是在意识水平之下进行传递的，而脑基于无意识监视所产生的校正反应在很大程度上也不是有意识慎思的结果。正如我们会看到的，监视工作最终产生了有意识的感受并形成了主观心智。只有超过了某个功能性性能的点，反应才能被有意识的慎思影响，同时仍然会从非意识的过程中获益。

再次，对生物体功能进行的大量监控是对复杂多细胞生物体的恰当的内稳态的有利发展，也是"大数据"监控技术在自然中的先驱，但人类却把它当成引以为傲的发明。监控主要作用于以下两方面：一是关于身体状态的直接信息；二是对未来状态的期待和预测[7]。这也算是生命史中诞生的生物现象显示出古怪秩序的另一个例子。

简言之，脑作用于身体的方式是通过将特殊化学分子传递到特定身体部位或传递到循环流动的血液中并随后转送到身体的各个部位来实现的。脑还可以通过激活肌肉从而更直接地作用于身体，这里的肌肉既包括那些我们想要移动时能够移动的肌肉（我们能够决定行走、跑步或拿起一杯咖啡），也包括那些不由我们的意志控制但在需要时会被激活的肌肉。例如，当你脱水并且血压下降时，脑会命令你的血管壁中的平滑肌收缩，以此增加血压。同样，胃肠系统的平滑肌极少或完全无须你的介入也可以自行运动，从而消化食物和吸收营养。脑为了整个生物体的利益而执行着内稳态的补偿活动，而"我们"可以毫不费力地从中受益。当我们不由自主地微笑、大笑、打呵欠、呼吸或打嗝时，即当我们需要纹状肌的非随意动作时，一个稍微有点儿复杂的非随意运动就会参与进来。

最初的神经系统不像现在这样复杂，事实上，它非常简陋，只是由一些神经网组成，神经网就是连线的网状组织。我们今天还能在包括人类在内的很多物种的脊髓和脑干中找到这种结构。在那些简单的神经系统中，不存在"中枢"与"周围"部分的严格区分，它们只是由一些交错在身体中的神经元连线组成[8]。

在前寒武纪时期，神经网首先出现在刺细胞动物这类物种中。它们的"神经"从身体的外部细胞层（即外胚层）中长出，这些神经的分布以简单的方式帮助实现了要在演化的更晚期由复杂的神经系统才能实现的一些功能。受到来自生物体外部的事物刺激时，外表神经会发挥初级感知的作用，它们能够感知生物体的周边状况。其他神经的作用是使生物体运动，比如需要对外界刺激做出反应时。这是一些简单运动，例如对水螅来说就是游动。不过，还有一组神经的作用是照管和调节生物体的内脏状况。在胃肠系统占主导的水螅类动物中，神经网照管着一系列肠胃运动：摄取含有营养的水，进行消化，排出废物。这些运动的秘密就是蠕动。神经网通过激活使得沿消化管的肌肉相继收缩，从而产生蠕动波来递送食物，这与我们人类的肠胃蠕动没有什么区别。让人惊奇的是，一直被认为完全没有神经的海绵动物展现出一种能更简单地控制其管状腔体口径的手段，以便吸入含有营养的水并喷出含有废物的水。换言之，海绵动物既可以膨胀并打开自己，也可以收缩并闭合自己。当它们收缩时，它们就像是在"咳嗽"或"打嗝"。

由此看来，肠神经系统，也就是出现在我们消化道中的复杂神经网，与古老的神经网结构非常类似，这一点很耐人寻味。**这也是我觉得肠神经系统实际上曾经是"第一"脑而非人们普遍认为的"第二"脑的理由之一。**

大自然大概又耗费了几百万年的时间（即从寒武纪大爆发到之后的很长时期）才发展出数不胜数的物种所具有的更复杂的神经系统，并最终在灵长类特别是人类的极为复杂的神经系统的发展上达到顶峰。尽管水螅类动物的神经网可以依照外界环境的状况调整各种各样的操作并协调内稳态的需求，但它们的能力是有限的。它们能感知环境中出现的特定刺激，以便触发一些便利的反应。水螅类动物的感觉能力类似人类触觉的低级形式。从最温和的说法来看，神经网实现了非常基本的感知；神经网也能进行内脏调节，就像一种初级的自主神经系统；神经网还能管理生物体的运动并协调所有这些功能。

理解神经网不能完成的事情也是同样重要的。它们的感知活动使得有用而几乎瞬间发生的反应成为可能。事实上，进行感知和做出行动的神经元会受到自己活动的修正，由此得知一些与自己相关的事件的情况，但很少有知识会在这些生物体的日常生活中保留下来，这说明它们的记忆有限。它们的感知也很简单。神经网的设计本就很简单，其中没有什么结构可以充分映射刺激的构成方面（形状或纹理），也没有什么结构来充分映射刺激对生物体的影响。神经网的结构不允许它们表征被触及对象的布局模式。它们缺乏映射能力，这也意味着神经网不能产生表象（image），而表象最终将构成由复杂神经系统所创造的丰富多彩的心智。映射和表象制造能力的缺失牵涉另一个重要的结果：没有心智，意识也无法出现，更根本的是，这同样适用于被称为感受的这类非常特殊的心智过程，因为感受是由与身体运行紧密交织的表象构成的。换言之，从我的角度以及这些概念的完全技术性的意义上来看，意识和感受依赖于心智的存在。在演化过程中，只有出现了更复杂的神经装置，脑才能基于对大量成分特征的映射而形成精细的多感官知觉。在我看来，只有在那时，对于表象制造和心智建构的道路才是通畅的[9]。

为什么拥有表象如此重要？拥有表象究竟能实现什么？表象的出现意味着每个生物体都可以对其体内和体外事件进行持续的感觉描述，从而创造出内在表征。通过与身体本身的合作，生物体在神经系统中产生了表征，那些表征为其过程发生于其中的特定生物体创造了一个不同的世界。只能被这个特定生物体所取用的那些表征能够精确地引导肢体或全身的运动。表象引导的运动，即由视觉、声音或触觉的表象引导的运动，对生物体更有利，更有可能产生有利的结果。内稳态由此得到改善，并随表征一起被保存下来。

总之，表象是有益的，即使生物体并没有意识到在其中形成的表象。生物体或许还不能具有主观性，也不能在自己的心里检视表象，但表象仍然能自动地引导运动的执行。因此，面向目标的运动将会更精确，并且更容易成功而不是失败。

随着神经系统的发展，它们会获得一个精细的周围探测器网络，这些周围神经分布在体内的各个角落以及整个体表，它们也分布于一些专门化的感官装置中，从而获得视、听、触、味和嗅的能力。

在通常被称为脑的中枢神经系统中，神经系统还获得了一组精细地聚集在一起的中央处理器[10]。这里的脑包括：（1）脊髓；（2）脑干和下丘脑；（3）小脑；（4）丘脑、基底核和基底前脑中的一些在脑干之上的大神经核团；（5）大脑皮层，它是最现代、最复杂的系统成分。这些中央处理器管理着学习和各种可能信号的记忆存储，同时管理着这些信号的整合；它们协调着对内部状态和外部刺激做出的复杂反应的执行过程，这步关键操作包括产生驱力、动机和情绪；它们管理着表象操作过程，换一个说法，这个过程其实就是我们所知的思维、想象、推理和决策。它们还管理着表象及其序列向符号的转换，以及最终向语言的转换。语言是一些被编码的声音和手势，它们的组合能指称任何对象、性质或行动，而它们之间的联结遵循一组被称为语法的规则。具备了语言能力后，生物体可以将非言语的事项连续地转译为言语的事项，并建立起这类事项的双轨制叙述。

需要特别注意的是，由不同脑成分组织和协调实现的主要功能具有特定的分工安排。例如，脑干、下丘脑和端脑中的一些神经核团负责产生我之前提到过的驱力、动机和情绪，它们的产生是脑用预设的行动程序（比如特定分子的分泌、实际运动等）对各种内部和外部状况做出反应的结果。

另一个重要的分工涉及运动的执行和运动序列的学习。在这方面，小脑、基底神经节和感觉运动皮层是主要参与者。也有一些重要分工涉及学习和对基于表象的事实和事件的回忆，在这方面，海马和大脑皮层是主角，而这两个脑区的回路是互惠的。此外，还有分工负责建构由脑产生并形成叙述流的所有非言语表象向言语的转译。

神经系统配备了如此多的"精兵强将"，以至于演化最终赋予它感受能力，这个梦寐以求的奖赏是为了表彰它对内部状态进行映射和成像所取得的成就。而且演化还将意识这个不一定好的奖赏配备给这种形成了映射和表象的生物体。

人类心智的荣耀、广泛记忆的能力、共鸣感受的能力、以言语代码转译任何表象和表象关系的能力，以及形成各种智能反应的能力，都是在后来才进入神经系统多样且并行发展的故事中的。

可以说，我们对整个神经系统已经知之甚多，并且我们也已经清楚地阐明了刚才所列的许多成分的主要功能。但我们对很多微观和宏观神经回路的运行细节还不清楚，也没有完全理解各种解剖成分的功能整合。例如，因为我们可以将神经元描述为活跃的或抑制的，我们可以用布尔代数的0或1来描述它们的运行。这是将脑视为计算机这一观点背后的核心信念[11]。但微观回路的神经运行却表现出出人意料的复杂性，从而瓦解了这个简单的观点。例如，在特定情况下，神经元可以无须借助突触而与其他神经元直接交流，而且在神经元与辅助性的胶质细胞之间也存在大量互动[12]。这些非典型联络能够对神经回路形成一种调制。因此，它们的运行不再符合简单的开/关模式，并且也不能用简单的数字设计来解释这些神经回路的运行。此外，脑组织与脑所附着其中的身体之间的关系也还没有被完全理解。探明这种关系对完全解释下面的问题非常关键，这些问题包括：我们如何感受，意识如何被建构，以及我们的心智如何创造智能物体。可以说，有关脑功能的这些方面对解释人性至关重要。

当努力处理这些问题的时候，我认为以一个合适的历史视角来理解人类神经系统是非常重要的。而那个视角需要承认如下事实：

（1）在精妙的多细胞生物体中，神经系统是生命不可或缺的促进者；神经系统始终服务于整个生物体的内稳态，尽管生物体诸细胞本身的生存也依赖于那个相同的内稳态过程；在讨论行为和认知时，这种整合的相互关系经常被忽视。

（2）神经系统是其所服务的生物体的一部分，尤其是其身体的一部分，并且神经系统与身体保持着紧密的相互作用；这些相互作用的性质完全不同于神经系统与生物体周围环境之间相互作用的性质；这种富有特权的独特关系也往往被忽视。我会在本书第二部分对这个关键议题进行更多的论述。

（3）神经系统的非凡现身为内稳态的神经调节开辟了道路，这是对化学/内脏式内稳态的补充；之后，随着具有感受和创造性智力的有意识心智的发展，它们也为在社会和文化空间创造出复杂反应开辟了道路，这些复杂反应最初由内稳态激发，但之后超越了内稳态的需要并且获得了相当大的自主权，这里是我们文化生命的开端而不是中间或结尾。即使是在社会文化创造的最高水平上，也存在与简单生命过程相关的痕迹，这些痕迹曾出现在最简单的生物体（即细菌）中。

（4）高级神经系统的一些复杂功能可以在该系统本身较低级成分的更简单的运行中找到根源，因此，想首先在大脑皮层的运行中寻找感受和意识的根基是没有什么成效的；相反，正如在第二部分我会讨论到的，要确定感受和意识的先驱，脑干核团和周围神经系统是更好的候选者。

活的身体与心智

通常，我们对心智生活的各种常见解释，即对感知、感受、观念的解释，对记录感知和观念的记忆的解释，对想象和推理的解释，以及对用来翻译内部叙事的语词、发明等的解释，似乎都把心智生活看作脑独自的产物。神经系统往往是这些解释中的核心要素，但这种解释既过度简化也容易带来误解。身体仿佛只是纯粹的旁观者，只是神经系统的支持者，即用于安放脑的"一口缸"而已。

神经系统无疑是我们心智生活的促成者。传统的以神经为中心、以脑为中心，甚至以大脑皮层为中心的解释遗漏了这样一个事实，即神经系统起初是作为身体的助手、作为身体中生命过程的协调者而出现的，因为当身体变得足够复杂和多样后，其组织、器官、系统以及它们与环境关系的功能联结需要一个专门的系统来完成协调工作。神经系统是达成这种协调的手段，并由此成为复杂多细胞生命不可或缺的特征。

对心智生活的更明智解释是：无论是心智生活的简单方面，还是其非凡成就，都是神经系统的部分副产物，而神经系统在一个非常复杂的生理水平上所履行的也是那些没有神经系统的较简单生命形式一直都在履行的功能，即内稳态调节。在实现让具备复杂身体的生命成为可能的这个首要任务的过程中，神经系统所发展出的各种策略、机制和能力不仅要照顾事关生死的内稳态的需求，而且还要达成许多其他目的。那些目的对于生命调节来说，既不是直接的、必需的，也缺乏清晰的关联。心智依赖于神经系统的出现，因为神经系统能够在身体中有效协助生命的运行。此外，心智还依赖神经系统与身体之间广泛的相互作用。**"没有身体，就绝对不会有心智。"**我们的机体包含身体、神经系统，以及源自这两者的心智。

心智能够高悬于其根本的使命之上，并产生一些初看起来与内稳态无关的产物。

有关身体与神经系统之间关系的故事需要得到修正。当谈论高高在上的心智时，我们即使未轻视身体，也往往认为它不那么重要，但身体是极为复杂的生物体的一部分，生物体由一些相互合作的系统组成，系统由一些相互合作的器官组成，器官由一些相互合作的细胞组成，细胞由一些相互合作的分子组成，分子由一些相互合作的原子组成，而原子又由一些相互合作的粒子组成。

　　实际上，生物体最显著的特征之一是其构成元素之间展现出的高水平的合作，以及这种合作所导致的非凡复杂性。正如生命源自细胞要素之间的特定关系，逐渐增加的复杂性也导致了一些新功能的出现。这些涌现出的功能和心智不可能仅仅通过检查它的个体成分来加以解释。总之，当人们的观察从整体结构的较小部分转向更大部分时，复杂性就源自这些功能的合作。对此，最好的例证就是生命本身与众不同的登场。另一个关于合作的最好例证是主观心智状态的涌现，在后面我们还会更多地谈到这一点。

　　生物体的生命要大于其所有组成细胞的生命的总和。生物体有一个整体的生命、一个全局的生命，它源自在其中做出了贡献的所有小生命的高维整合。生物体的生命超越了其组成细胞的生命，它利用了它们，并通过维持它们而回馈它们的帮助。这些真实"生命"的整合让整个生物体具有生命，但在完全相同的意义上，当前复杂的计算机网络却不具有生命。生物体的生命意味着每个组成细胞依然需要并且能够使用其精妙的微观成分把从环境中获取的营养转化为能量，生命体的这些活动是根据精妙的内稳态调节规则以及让生物体对抗各种异常的内稳态命令完成的。但是，只有在神经系统的支持、协调和控制手段的帮助下，生物体的非凡复杂性才可能出现，人类就是这种非凡复杂性的典型代表。所有这些系统都是它们所服务的身体的一部分。它们自身也像其他的身体部分一样，是由生命细胞组成的。它们的细胞也需要常规的营养来维持其完整性，而它们也像身体中的其他细胞一样要面临疾病和死亡的风险。

生物体中的器官、系统和功能的出现顺序是理解其中一些功能如何诞生和如何运行的关键。因此，我们最需要考虑的是在神经系统历史中其成分和功能的优先地位，尤其是人类神经系统及其瑰丽的产物：心智和文化。总之，万物的出现是有秩序的，而这个秩序是否古怪取决于我们的视角。

THE STRANGE ORDER OF THINGS

Life
Feeling
and
the Making of Cultures

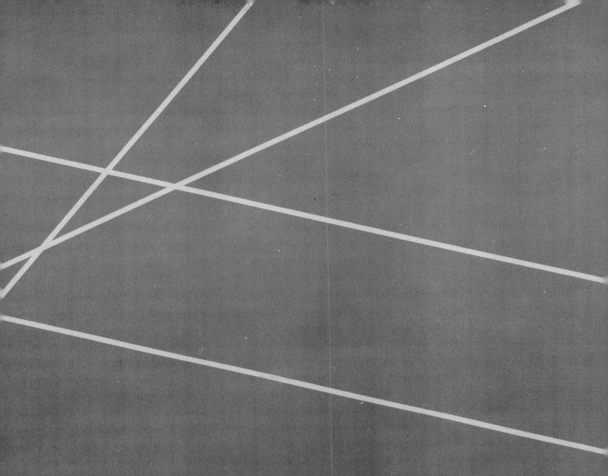

第二部分

组建人类的文化心智

如果你的感受不起作用了，那么你在对事件和物体做
出审美和道德的分类时可能就需要付出极大的努力。
一旦它被移除，你将不能区别美丽和丑陋、愉悦和痛
苦、高雅和通俗、灵性和粗鄙。

心智的起源

意义重大的转变

我们如何从大约40亿年前出现的让人误以为简单的生命演变到大约5万年前孕育了人类文化心智的生命？对于这个演变轨迹和它所用到的工具，我们能说些什么呢？我们可以说自然选择和遗传机制是转变的关键，这是完全正确的，但还不够。我们需要认识到，内稳态命令无论是否得到有利使用，它都是自然选择压力中的一个因素。我们需要认识到，事实上既没有一种单一的演化路线，也没有一个使生物体的复杂性和效率不断提升的简单进程，相反，在演化过程中存在起伏，甚至物种灭绝。

我们需要注意，神经系统与身体的合作是人类心智产生的必要条件，而且心智不是出现在孤立的生物体上的，而是出现在作为社会环境一部分的生物体上的。而且，我们还需要注意心智的扩展，心智扩展的因素包括感受、主观性、基于表象的记忆和联结表象形成叙事的能力，这种能力最初是非言语的，有点儿类似一系列电影胶片的镜头，但最终随着口头语言的出现，这种叙事能力将言语和非言语的要素结合在了一起。心智扩展还包括发明和产生智能性创造物的能力，我喜欢把这个过程称为"创造性智力"，而这是一次智能的加速，它使得包括人类在内的诸多生物体能够在日常生活中采取高效、快速和成功的行动。创造性智力赋予生物体以不同的手段，生物体由此可以将心智表象和行为有意识地结合在一起，从而给人类诊断出的问题以新颖的解决方案，并且为人类所展望的机遇建构新的世界。

我将在本章和接下来的4章里讨论这些议题，首先我要谈心智的起源和形成，最后我会谈两种最初让创造性智力成为可能的心智成分，即感受和主观性。这里我的目的不是全面探讨这类能力的生理学和生物学特征，而是勾画出它们的本质，并认识到它们作为人类文化心智的工具的作用。

赋予心智的生命

起初，在能移动其整个身体的单细胞生物体中，存在的只是感觉和反应。为了理解感觉和反应像什么，我们可以想象细胞膜上存在一些微孔，当特定分子出现在这些微孔处时，它们作为化学信号向其他细胞发送信息，并接收来自其他细胞和环境的信号。这有点儿像散发气味和闻气味。感觉和反应最初是这样组成的：生物体发出一个表示生命在场的信号，与之相类似的生物体也会发出信号作为回应。信号类似于一个刺激物，并产生相应的刺激感受性。尽管你可以说进行感觉活动的分子的行为方式就好像存在眼睛或耳朵一样，但实际上并不存在[1]。闻和尝可能是更贴近的类比，但也只是类比而已。在这个过程中不存在任何"心智的"成分。在细胞内，不存在类似于外部世界或内部世界的表征，不存在可以称之为表象的东西，更别说存在心智或意识了。起初，仅仅存在一个感知过程的开端，随着时间的流逝，神经系统出现了，这个感知过程就会形成关于神经系统周围世界的模拟表征，并成为心智乃至主观性的基础。**通往心智的征途开始于初级的感觉和反应，而感觉和反应今天仍然在细菌的世界中发挥着作用，这些细菌就生活在我们体内，生活在所有动物和植物之中，生活在水和土壤中，甚至生活在地球的深处。**在细菌中，感觉和反应以信号的形式示意其他细菌的存在，甚至能帮助细菌估计周围有多少其他细菌。但平凡的感觉和反应并不需要心智属性和由心智衍生出的属性。除象征性的描述之外，细菌和很多其他单细胞生物体不存在心智和意识。可是感觉和反应是更复杂的知觉和心智的推动者，如果要解释后者，我们就需要认可和理解前者，并梳理出那些连接它们的链条。从历史角度来说，感觉和反应水平的知觉的出现要先于心智，并且仍然存在于现在具有心智的生物体中。在大多数正常的情况下，人类心智工作的方式是基于心智表征及其所引导的行动，人类心智对被感觉到的物质做出反应，并引起进一步的反应。只有在麻醉或睡眠时，我们才会暂停最基本的感觉和反应，但即使是那时也不是完全暂停[2]。

最终，多细胞生物出现了。它们的运动更为精细，内部器官开始出现并变得更加分化。多细胞生物特别新颖的地方在于全身系统的精细化，以及出现了一些新的全身系统。与单功能器官（如肠道、心脏和肺）不同，这些一般系统分布于全身。与很大程度上只打理自己事务的个体细胞不一样的是，一般系统由很多细胞组成，并且它要照管多细胞生物体中的所有其他细胞的事务。例如，它们致力于诸如淋巴循环和血液循环这样的体液循环，致力于产生内部乃至外部运动，致力于生物体运行的全局协调。这种协调由内分泌系统实现，它通过被称为激素的化学分子以及确保炎症反应和免疫性的免疫系统来运行。随后出现了最精通全局协调的系统，即神经系统。

现在跳到几十亿年之后。此时的生物体已经非常复杂，同样复杂的还有帮助生物体照料自己和维持生命的神经系统。神经系统已经变得能够感觉环境的不同部分，比如物理对象和其他生物体，并能基于精细的四肢和整个身体的恰当运动做出反应，如抓取、踢、破坏、逃离、轻触和性交。神经系统与其所服务的生物体已经处于全面的合作中。

在某一时刻，神经系统能回应其所感知到的生物体内外的各种物体和运动的诸多特征。在这很久之后，神经系统开始具有映射其所感知到的物体和事件的能力。这意味着神经系统不仅仅是帮助侦测刺激和做出适当的反应，它还开始用神经回路布局中的神经细胞的活动对空间中的物体和事件的构形进行绘图（即映射）。为了快速勾画出这是如何实现的，请你想象一下那些连接在回路中并陈设在面板上的神经元，其中面板上的每个点对应一个神经元。请你接着想象一下当回路中的一个神经元变得活跃时，它亮起来，类似于用粉笔在黑板上点一个点。我们可以按次序逐渐增加许多这样的点，这些点会产生线，线连起来或相交就产生了图画。我来举一个最简单的例子。当脑对一个X形状的物体进行描绘时，它激活了在恰当点上并以恰当角度相交的两条直线列上的神经元，由此产生了对X形状的神经映射。脑映射中的线条表征了物体的构形、感觉特征、运动或在空间中的位置。这时表征还不需要"记得详细准确"，尽管它能如此。然而，本质上它保存了一个实体的各部分之间的内在关系，如各部分之间的角度、重叠等[3]。

现在请你再发挥一下想象力，不只考虑形状或空间位置的映射，还考虑空间中出现的声音的映射，声音可以是柔和的或粗粝的，大声的或微弱的，就近的或遥远的，你还可以考虑一下由触觉、嗅觉和味觉建构起来的映射。如果你再进一步发挥想象力，还可以考虑一下由出现在生物体内的"物体"和"事件"（即脏器和它们的运行情况）建构起来的映射。最后，由这个神经活动之网产生的描述就是映射，它便是我们在心智中体验为表象的内容。感觉模态的映射是整合的基础，而正是这种整合使表象成为可能，最终，在时间中流动的这些表象便构成了心智。它们为复杂的生物体带来了一次决定性的转变，这是我一直关注的身体–神经系统合作所产生的不同寻常的结果。没有这个决定性的转变，人类文化就根本不可能产生。

大征服

　　制造表象的能力开启了生物体表征其周围世界的道路，这是一个包括所有可能种类的物体和其他生物体的世界；而同样重要的是，这种能力也让生物体能表征其内部世界。在映射、表象和心智出现之前，生物体也可以确认其他生物体和外部物体的存在并相应地做出反应。它们能够侦测化学分子或机械刺激，但这个侦测过程不包括描述那些释放化学分子或推挤生物体的物体的构形。因为与其他生物体的一部分发生了接触，因此生物体可以感觉到其他生物体的存在。它们还能回报其他生物体的帮助，并被其他生物体感觉到。**但映射和表象的到来提供了新的可能性：生物体现在可以对其神经系统周围的环境产生一个私有表征，这是生命组织中信号和符号的正式开端，这些信号和符号"描画"或"仿像"出由视觉、听觉或触觉等感官通道所设法侦测和描述的物体和事件。**

　　神经系统的"周围物"是极为丰富的，它们比我们眼睛接触到的东西要多得多。它们包括生物体外部的世界，这是科学家和外行在这类讨论中通常考虑到但也令人遗憾地唯一考虑到的周围物，即整个生物体外部环境中的物体和事件。但神经系统的"环境"还包括生物体内部的世界，而这部分周围物却经常被忽视，甚至危及一般生理学的实在性概念，尤其危及认知的实在性概念。

　　我认为，在同一个神经系统中表征神经系统的周围物的可能性，即利用这些非公开的内部表现，为生物体的演化设定了新的路线。这些表征就是生物体所缺少的"幽灵"，很可能就是尼采在认为人类是"植物与幽灵的混血"时想象的那种幽灵。最终，与身体的其余部分并肩工作的神经系统会创造出生物体周围世界的表象，同时也创造出生物体内部的表象。我们总算悄然又低调地进入了心智时代，我们至今仍然与这个时代的本质同在。我们现在可以将表象串起来，其方式就是表象既向生物体讲述其内部事件，也讲述外部事件。

按照这个解释，生命在演化过程中必须遵循的步骤就非常清晰了。第一，利用来自生物体的最古老的内部成分（即主要在脏器和血液循环中进行的新陈代谢的化学过程和它们产生的运动）形成的表象，大自然逐渐塑造出了感受。第二，利用来自不太古老的内部成分（即骨架和附着于骨架的肌肉）的表象，大自然产生了每个生命的体架的表征，即关于每个生命所住的"居室"的表征。这两组表征的结合最终为意识开辟了道路。第三，利用同样的表象制造装置和内在的表象能力（即代表和象征其他物体的能力），大自然发展了口头语言。

表象需要神经系统

没有神经系统，精妙的生命过程也能很好地存在，但精妙的多细胞生物体需要神经系统来经营它们多样化的生命活动。神经系统在生物体管理的各个方面都扮演着重要角色。例如，神经系统协调着内部器官的运动和外部四肢的运动；神经系统与内分泌系统一起协调化学分子的生产和运输，这些化学分子是维持生命条件所必需的；神经系统协调着生物体涉及昼夜周期的整体行为，经营着与睡眠、清醒和必要的新陈代谢相关的各种操作；神经系统协调着体温，让体温维持在适于生命持续的范围内；最重要的是，神经系统制造了映射，而映射作为表象乃是心智的主要原料。

在神经系统变得足够复杂之前，表象不可能存在。尽管简单的神经系统丰富了海绵或刺细胞动物（比如水螅）的世界，但它们还过于简单，无法制造表象[4]。我们只能猜测，在某些基本方面与我们类似的心智应该属于更精妙的生物，因为这要求其神经系统和行为已经发展出相当的复杂性。几乎可以肯定，这样的心智出现在了昆虫中，而且大概也出现在所有或绝大多数脊椎动物中。鸟类明显具有心智，至于哺乳动物，它们的心智必定与我们有足够的相似之处，因此我们在对待某些哺乳动物时，会自然地假定它们不仅理解我们的行为，还经常能理解我们的感受，甚至有时能理解我们的思想。让我们考虑一下黑猩猩、狗、猫、大象、海豚和狼，很显然，它们没有口头语言，它们的记忆容量和智力也远不及我们，因此它们也就没有创造出堪比人类的文化器物。不过，它们与我们的近亲关系和相似性是不容置疑的，与它们的对比对于我们理解自己非常有帮助，我们可以更好地理解人类是如何发展出现在的样子的。

神经系统具有丰富的映射制造装置。眼睛和耳朵分别在视网膜和内耳中映射视觉世界和声音世界的各种特征，接着，这些映射在中枢神经系统中继续进行，并依序深入大脑皮层中。当我们用手指触摸一个物体时，分布于皮肤上的神经末梢会映射物体的各种特征，如整体的几何结构、质地、温度等。味觉和嗅觉是映射外部世界的另外两个通道。像人类具有的这样高级的神经系统会大量地制造外部世界和生物体内部世界的各种表象。反过来，按照其来源和内容，**内部世界的表象存在截然不同的两类：古老的内部世界与新的内部世界**。

生物体外部世界的表象

外部世界的表象源自位于体表的感官探测器，这些探测器可以收集我们周围世界的物理结构的各种细节信息。传统的五种感觉分别是视觉、听觉、触觉、味觉和嗅觉，它们各自由专门的器官负责收集信息，从而产生视觉、听觉、触觉、嗅觉和味觉。这些专门器官通常位于头部并彼此邻近。嗅觉和味觉器官通常分布在一小块黏膜上，黏膜是皮肤的变种，它会自然地保持湿润且不受阳光的直射，口腔和鼻腔就覆盖着黏膜。触觉这个专门器官分布在整个皮肤表面和黏膜上。让人好奇的是，肠道中也有味觉接收器，这无疑是远古时代的残留，那时还只有肠道及其神经系统[5]。

每个感觉探测器都致力于对外部世界的具体样貌，也就是对它的无数特征进行取样和描绘。尽管脑最终会把每个感官的局部贡献整合为一个关于事件和物体的总体描述，但5种感觉中的任何一种都无法单独产生关于外部世界的综合描述。这个整合结果近似于对一个"完整"物体的描述，以此为基础，就可能产生关于物体或事件的合理的综合表象。尽管这不大可能是"完备"的描述，但对我们来说，这确实是一个丰富的特征取样，无论如何，鉴于我们周围现实的性质和感官的设计，这是我们能得到的一切。我们每个人都沉浸在这个不完备取样的"现实"中，我们都遭受着成像的局限性之苦。在人类中，所有人都在同一个竞技场上，在很大程度上，我们人类与其他物种也在同一个竞技场上[6]。

每种感官的神经末梢的特异化程度都非常惊人，在演化过程中，每种感官的神经末梢都与周围环境的具体特征和特性形成了良好的匹配。感觉末端以化学和电化学信号为手段，经过周围神经系统和中枢神经系统的低级部分（如神经节、脊髓神经核团和低级的脑干神经核团），把外部的信息传送进来。然而，表象制造所依赖的关键功能是映射，而且经常是宏观的映射，它能够以制图学的方式标绘出在外部世界取样时所产生的不同数据，在这个映射空间中，脑可以标绘出活动模式以及该模式中活跃元素的空间关系。这就是脑映射你所看见的脸孔、听到的声音或你所触摸到的物体的形状的方式。

生物体内部世界的表象

生物的内部世界包括两种，我们称它们为古老的内部世界和新的内部世界。古老的内部世界涉及基础内稳态，这是最初和最古老的内部世界。在一个多细胞生物体中，其古老的内部世界包括新陈代谢及其相关的化学反应，还包括心脏、肺、肠道、皮肤和平滑肌等脏器，其中，平滑肌在生物体内的每个地方都存在，它们帮助建立了血管壁和器官囊。平滑肌本身也是脏器的成分。

我们通常用诸如"安康""疲惫""不适""疼痛""快乐""心悸""心灼热"或"绞痛"等词语来描述内部世界的表象。内部世界的表象是非常特殊的，因为我们不会用描画外部世界的方式来"描画"这个古老的内部世界。尽管我们可以用一些内脏感觉用语在心智层面阐明内脏的几何变化，但它们相较而言缺乏细节：当我们害怕时咽喉会缩紧，哮喘发作时会出现气管缩紧和喘气的典型特征；同样的还有特定分子对不同身体部位的影响，通常包括诸如震颤的运动反应。**这些古老的内部世界的表象正是感受的核心成分。**

与古老的内部世界在一起的还有一个新的内部世界，这个世界由我们的骨架和附着其上的骨骼肌主导。骨骼肌也叫"条纹肌"或"随意肌"，这有助于将它们与纯粹内脏肌和不在我们意志控制下的"平滑肌"或"自动肌"区别开来。借助骨骼肌，我们能到处活动、操作物体、说话、写字、跳舞、演奏和操控机器。

我们的整个身体框架（古老的内部世界的一部分就位于其中）类似一个脚手架，皮肤这个古老的内部世界就附着在这个脚手架上。要知道，皮肤是我们内脏中最大的一部分，而且我们的感官门户也安放在整个身体框架上，犹如复杂的珠宝饰品上镶嵌着很多宝石一样。

感官门户指的是感官探测器所植入的身体框架的区域和感官探测器本身。人体的4个主要的感官探测器都被很好地包覆着：眼窝和眼周肌肉控制着眼睛及其内部结构；我们的耳朵，包括鼓室、鼓膜以及邻近的前庭负责感觉我们在空间中的位置和我们的平衡；鼻子上有嗅觉黏膜；我们的舌头上有味蕾。至于第5个感官门户，即让我们能触摸物体和鉴别质地的皮肤，则分布在整个身体上，不过，皮肤感知能力的分布是不均衡的，手、嘴、乳头和生殖器区域的感知能力相对较强。

我之所以这么关注感官门户这个概念，是因为感官门户与视觉的产生有关。让我来解释一下。例如，我们的视觉是一系列相互衔接的过程的结果，这个过程开始于视网膜，并连续经过视觉系统的若干站点，比如视神经、上膝状体核和上丘、第一和第二视觉皮层。但要产生视觉，我们还需要参与看（looking）和见（seeing）的动作，而且那些动作是由其他身体结构（不同的肌群）和区别于视觉神经系统站点的神经系统（运动控制区）所完成的。那些结构就位于视觉感官门户上。

视觉感官门户由什么组成呢？眼窝；我们用来实现皱眉和集中注视的眼皮和眼睛周围的肌肉组织；我们用来调整视觉焦点的晶状体；我们用来控制入光量的隔膜；还有我们用来转动眼球的那些肌肉。所有这些结构和它们各自的活动都与初级视觉过程配合得很好，但它们不属于初级视觉过程。它们有着明显的实际用途，可以说，它们是辅助者。它们还无意中扮演着一个有点儿崇高的角色，我会在稍后讲述意识的时候解释这个角色。

古老的内部世界是一个生命调节起起伏伏的世界。它可以运行得很好，也可以运行得不怎么好，但其运行的好坏程度对我们的生命和心智来说至关重要。相应地，对运转中的古老的内部世界（内脏状态、化学过程的结果）的成像必然会反映出内部环境状态的好坏。生物体必然会受到这类表象的影响。这些表象对生物体来说绝对不是无关紧要的，因为生存依赖于这些关于生命的表象所反映的信息。这个古老的内部世界中的每样东西都会被评价为好的、坏的或介于好坏之间的。这是一个充满效价^①的世界。

新的内部世界是一个由身体框架、框架上的感官门户的状态和位置以及随意肌所主导的世界。感官门户静候在身体框架中，并且为外部世界的映射所产生的信息贡献颇多。它们向生物体的心智清晰地指出了当前所生成的表象的来源在生物体内的位置。这对于建构一个整体的生物体表象来说是必要的，而正如我们将看到的，建构整体的生物体表象是产生主观性的关键步骤。

新的内部世界也产生效价，因为它的肉体也摆脱不了内稳态难以预测的状况。但新的内部世界不像古老的内部世界那样脆弱。骨骼和骨骼肌形成了一个保护壳，它们坚毅地包裹着纤弱的化学过程和脏器组成的古老的内部世界。新的内部世界与古老的内部世界的关系就像人体工程学外骨骼与我们真实骨骼的关系。

---

① 关于效价的详细介绍重点放在第 7 章第 89 页及第 8 章。

THE
STRANGE ORDER
OF
THINGS

06

心智的扩展

隐形的交响乐队

诗人费尔南多·佩索阿（Fernando Pessoa）把灵魂看作一个隐形的交响乐队。他在《惶然录》（*The Book of Disquiet*）中写道："我的内心是一支隐形的交响乐队。我不知道它由哪些乐器组成，不知道我的心中喧响和撞击的是怎样的竹丝迸发，是怎样的鼓铎震天。我听到的是一片声音的交响[1]。"他只能把自己认作一曲交响乐。他的想法是一个特别恰当的直觉，因为我们心智中的各种建构确实可以被想象为它们所属的机体中的若干个隐形交响乐队所参与的稍纵即逝的音乐表演。是谁在演奏所有那些隐形乐器，对此佩索阿并不感到困惑。或许他认为自己分身有术，能执行所有演奏，这有点儿类似《一个美国人在巴黎》（*An American in Paris*）中奥斯卡·黎凡特（Oscar Levant）饰演的亚当，对一个有众多别名的诗人来说，这不是什么让人惊奇的变身术[2]。但我们还是禁不住会问，究竟谁是这些想象中的交响乐队的演奏者？答案是：实际出现的或我们从记忆中回忆起来的生物体周围世界中的物体和事件，以及生物体内部的物体和事件。

那乐器呢？佩索阿能清楚地听到乐器的演奏，却无法辨认出这些乐器，但是我们可以帮他辨认。在佩索阿的交响乐队中有两组乐器。第一组是主要的感官装置，生物体周围的世界和内部的世界能借助它们与神经系统产生相互作用。第二组是那些对出现在心智中的物体和事件做出连续的情绪性反应的装置。情绪性反应旨在改变生物体的古老的内部世界中的生命航线。这些装置也被称为驱力、动机和情绪。

形形色色的演奏者，也就是当下出现的或从记忆中回忆起来的物体和事件，并没有真的拨动小提琴或大提琴的琴弦，也没有按下数不胜数的钢琴的琴键，但这个隐喻精确地总结了这种情形的实质。物体和事件确实"在进行演奏"，因为作为生物体心智中不同寻常的实体，物体和事件能够作用于生物体的特定神经结构，影响它们的状态，在稍纵即逝的片刻中改变这些结构。在"演奏期间"，它们的活动产生了某种音乐，这些音乐即我们的思想、感受以及意义，而意义正是从它们帮助建构的内在叙事中涌现出来的。其结果是微妙的或不那么微妙的。有时它类似于一个歌剧表演。你可以被动地出席，也可以介入其中，并在一定程度上修改配乐，从而产生出预想不到的结果。

为了研究内在交响乐队的性质、构成，以及它们所产生的音乐的类型，我将求助一个我所概述的关于表象形成的三方协议。建构表象所需的信号有三个来源：生物体周围的世界，位于皮肤和某些黏膜上的特定器官就是从那里收集数据的；生物体内部世界的两种不同寻常的成分，即古老的化学/脏器隔间和相对较新的肌肉骨骼框架及其感觉门户。人们对心智事件的解释往往优先关注生物体周围的世界，好像除此之外的东西都不是心智的一部分或者对心智也没有特别大的贡献。那些把生物体的内部世界作为因素之一纳入其中的解释也往往没有给出我在这里做出的区分，即区分演化上较古老的化学和脏器世界与演化上更晚一些的肌肉骨骼框架和感觉门户的世界。

据说，这些"信号源"通常被"连线"到中枢神经系统，而中枢神经系统从其所接受到的材料中形成映射和表象。但这种说法过度简化了所发生的事情，因此具有误导性。神经系统与身体之间的关系绝对没有那么简单。

第一，上面提到的三个来源给神经系统提供了非常不同的材料。第二，三个来源与神经系统的"连线"通常被认为是相似的，但事实上并非如此。这三个来源都可以产生指向中枢神经系统的电化学信号，只有在这个意义上，它们才是相似的。然而事实上，这些与中枢神经系统的"连线"的解剖结构和运行方式是截然不同的，尤其是古老的内部化学/脏器世界。第三，在电化学信号之外，古老的内部世界与中枢神经系统之间可以直接通过更远古的纯粹的化学信号进行交流。第四，中枢神经系统可以对内部世界的信号，尤其是对古老的内部世界的信号做出反应，由此作用于信号源。在多数情况下，中枢神经系统不会直接作用于外部世界。"内部"世界与神经系统形成了一个交互复合体，"外部"世界与神经系统则不是这样。第五，所有信号源都以"分级"的方式与神经系统进行交流，因此在信号从它们的"外围"源头到中枢神经系统的处理过程中，信息会被转变。现实要比我们所希望的混乱得多[3]。

我们异常丰富的心智过程取决于表象，而表象则基于这些不同的世界的贡献，但却是由不同的结构和过程组合起来的。得益于外部世界的表象在感官装置的限度内描述了我们所感知到的周围世界的结构。另外，被我们称为感受的表象主要得益于古老的内部世界。这个新的内部世界给心智带来了生物体的整体的、多少具有全局性结构的表象，同时还赋予其额外的感受。如果不考虑这些事实，那么对心智生活的解释就无法让人满意。

诚然，表象可以被修改、被添加以及被互连，从而使心智过程变得丰富。但表象是转变和组合的基底材料，它们源自三个不同的世界，因此我们有必要考虑它们各自不同的贡献。

表象的形成

从简单到复杂的各种类型的表象均源自神经装置的活动，这些神经活动形成映射，并且之后还允许映射相互作用，所以不同的表象组合在一起能产生更复杂的表象集，从而表征神经系统之外的丰富世界，即生物体的内部世界和外部世界。映射以及相应表象的分布是不均匀的。与内部世界相关的表象首先在脑干核团中被整合，然后它们会在大脑皮层的几个关键区域（诸如脑岛皮层和扣带回皮层）中被再表征和扩展。与外部世界相关的表象大都在大脑皮层被整合，此外，上丘也有整合作用。

我们对外部世界中的物体和事件的体验天生就是通过多感官产生的。视觉、听觉、触觉、味觉和嗅觉器官在感知瞬间都会适当地参与其中。**当你在漆黑的音乐厅聆听音乐表演时，各感官的介入与你在水下游泳并试图看见一块珊瑚礁时是不同的。**在不同的感知状况下，占主导的感官来源会有所不同，但感官来源总是多重的，而且都连接到中枢神经系统的多个专门的感觉区，即所谓的"早期"听觉、视觉和触觉的皮层。有趣的是，被称为"联合"皮层的另外一组脑区可以完成在"早期"皮层中所形成的表象的必要整合。

映射是在哪里形成的？我可以确切地说，形成映射的结构位于中枢神经系统，因为有一点是很清楚的，周围神经系统的很多中间结构一直在为中枢神经的映射准备和预组材料。就人类而言，形成映射的关键结构位于3个脑层级中：脑干和顶盖中的若干神经核团（包括丘核）；端脑上部的膝状体核；大脑皮层中广泛分布的众多区域，包括内嗅皮层和相关的海马系统。这些脑区可以进行特定通道的感觉信息的加工。视觉、听觉和触觉以这种方式出现在一些互联的神经系统的"岛屿"中：其中的每个岛屿都能够参与专门的感觉模态的信息加工。随后，最初按照模态分开的各种信号被整合起来。这发生在皮层下脑区（即上丘的深层）以及大脑皮层中，在这里，每个感官流来自不同映射区的信号可以混合和交互。它们通过复杂的层级神经互联实现了这一点。正是由于这步整合操作，我们才能在看见一个人嘴唇运动的同时听到与其嘴唇运动同步的声音。

整合操作是由联合皮层与早期皮层的互联实现的。结果，那些促成了一个特定时刻知觉的诸多分离成分被体验为一个整体。意识的诸多成分之一就对应于这种大范围的表象整合。整合的发生是同时并依序激活各分离脑区的结果。这有点儿像剪辑胶片、挑选视觉表象和配音，按所需的顺序排好它们，但先不打印最终结果。最终结果发生在"心智"中，并且转瞬即逝，它随着时间流动而消失，只有记忆以编码的形式遗留下来。所有外部世界的表象以近乎与情感反应平行的方式得到加工，因为情感反应是由这些外部世界的表象通过激活其他位置的脑区（即脑干和大脑皮层中特定的神经核团，比如脑岛，它们与身体状态的表征有关）产生的。这意味着脑不仅要忙于映射和整合形形色色的外部感觉源，同时还要忙于映射和整合各种内部状态，而这个过程的结果便是感受。

现在稍微停一停，考虑一下脑实现的这个奇迹：脑不断摆弄着源自内部和外部的很多感觉种类的表象，并把它们转化成一部整合好的脑中电影。相较而言，电影剪辑简直是小菜一碟。

意义、文字转译和记忆的形成

我们的知觉和它们激起的观念会持续地产生一个与之平行的的语言形式的描述。那种描述也同样是由表象构成的。我们在任何语言中使用的所有词语，不管是口语的、书面的，还是用触觉鉴别的布莱叶盲文，都是由心智表象构成的。字母、词汇和变调的发音的听觉表象，以及代表那些发音的相应的视觉符号或字母编码也是由心智表象构成的。

但心智的组成不只包括物体和事件的直接表象以及文字转译的表象，还有其他数不胜数的表象出现在心智中，这些表象专门描述相关物体或事件的构成属性及其关系。通常与一个物体或事件相关的表象所组成的集合就相当于那个物体或事件的"观念"，即它的"概念"、它的意义以及它的语义。观念可以转译为符号的惯用语，并促成了符号思维。它们还能表达成一类特殊而复杂的符号，即文字惯用语。词语以及由语法规则支配的句子完成了这种转译，但转译也是基于表象的。所有心智都由表象组成，无论是物体和事件的表征还是它们相应的概念和文字转译。表象是心智的通用象征[4]。

在知觉过程中完成的感觉整合、整合所促成的观念以及整合的诸方面的文字转译都可以转变为记忆。**我们在自己的心智中建构了多重感官的知觉瞬间，而如果一切顺利，我们就能形成记忆，并在之后回忆起那些知觉瞬间以及在想象中运用它们。**

随后我要考虑的问题是，表象是如何变成有意识的并作为我们每个人的明确而私有的东西出现在我们的心智中的。我们之所以开始知道表象，是因为这个复杂的意识过程，而不是因为某个神秘的"小矮人"。奇怪的是，我们会在第9章看到，意识过程本身也依赖表象。但是，不论表象对意识的贡献如何，很明显的一点是，表象一旦形成并得到加工，那么即便是在初级的水平上，它们也能直接和自动地引导生物体的活动。它们实现这一点的方式是描画行动的目标，从而让表象指导下的肌肉系统能更精确地抓住目标。要想理解表象所带来的这个优势的要领，你仅仅需要想象一下这种情形：你要防卫敌人的进攻，但只能通过气味来定位。此时你将如何击中这个目标？他究竟在哪里？你大概会想念那个得到明确界定的空间坐标，它由视觉直接提供给我们，你可能还希望加上听觉的帮助，尤其是如果你是一只蝙蝠的话！

视觉表象能使生物体精准地作用于目标；听觉表象能使生物体进行空间

定向，即便是在黑暗中，人类在这点上做得相当不错，而蝙蝠则完成得更为精巧。对此，生物体需要处在清醒和觉知状态，并且表象的内容要与那个特定时刻的生物体的生命有关。换言之，从演化的视角看，即使表象过去只是行动控制的优化器，即使表象过去缺乏复杂的主观性，缺乏深思熟虑的分析和权衡，表象也必定最终能帮助生物体采取高效的行动。一旦表象形成成为可能，大自然就不会不选择它们了。

充实心智成分

正如漫长生命史中常有的情形那样，我们复杂而无限丰富的心智是众多简单要素合作组合的产物。当然，心智的组合不像细胞组配在一起形成组织和器官，或基因指挥氨基酸组装成蛋白质。心智的基本单元是表象，即事物或事物活动的表象，或促使你形成感受的东西的表象，或促使你想到某一事物的东西的表象，或转译上述一切的语词的表象。

早前，我提到分离的表象流可以被整合，以产生对内部和外部现实状况的更丰富解释。与视觉、听觉和触觉相关的表象的整合是充实心智的一个主导样式，但整合有很多形式，比如可以从多重感官视角表达一个物体，再比如按物体和事件在时空中的相互关联将它们串在一起，并产生各种被我们称为叙事的有意义的序列。我们还知道，在叙事的世界中有一类被称为故事世界，其中有人物、活动和道具，有混蛋和英雄，有梦想、理念和欲望，故事的主角会与敌人殊死相争，并赢得在一旁观看的女主角的芳心，这个女孩虽然担惊受怕，但始终相信她的男人会取得胜利。**生命由无穷的故事组成，这些故事简单或复杂、老套或独特，它们讲述了存在者的所有声音、暴怒和宁静，它们确实意味非凡**[5]。

我简要地讨论了对叙事和故事而言的心智的秘密：把分离的成分首尾相

连形成流动的序列，这无疑就是思想的序列。脑是如何做到这一点的呢？第一，通过让不同的感官区域在正确的时刻贡献出必要的部分，从而形成一个时间序列；第二，通过让联合结构协调成分的时间以及序列的组成和流动。正如需要时，任何初级感官区域都可以被调用去做点儿贡献，所有联合皮层都需要参与计时和调度。最近，科学家仔细研究了联合皮层中一个叫作默认模式网络的特殊部分，它似乎在组织叙事的过程中扮演了一个不相称的角色[6]。

表象加工活动还允许脑对表象进行抽象化，并揭示视觉或声音表象背后的图式结构，或者，也可以说这是描述一种感受状态的运动的整合表象。例如，在叙事的过程中，一个相关的视觉或听觉表象可以被置于一个最不可预测的地位，由此引起一个视觉或听觉隐喻，这是一种根据视觉或听觉来符号化词语的方式。换言之，打一开始，原初表象本身就非常重要，并且是我们心智生活的根基。然而，表象的操作还能产生新颖的衍生物。

游弋在我们心中的所有表象都不停地进行着语言转译，这个过程大概是最引人注目的充实心智的方式了。严格说来，充当语言轨迹载体的表象与被转译的原初表象是并行前进的。当然，它们是被附加的表象，是原初表象的转译衍生物。对于有多语言背景的那些人来说，这个过程尤其让人欣喜或恼火：我们最终要以多重和平行的文字轨迹结束，而词语的混合和配对可能极为有趣，也可能极为恼人。

字母表的发音可以被听到，并且也能以触觉和视觉形式加以表征。就像产生出组织和器官的细胞代码以及产生出蛋白质的核酸代码一样，字母表的这些发音构成了我们心智中的词语以及言语和书写中的词语。鉴于存在一组将发音组合为词语的规则，以及存在根据特定的语法规则及组织词语的规则，我们整个心智可被描述的范围是无限的。

对记忆的特别说明

不管人们喜欢还是不喜欢，在我们刚形成的心智表象中，几乎一切都可能在内部被记录下来。记录的保真度取决于我们一开始对表象的关注程度，而关注程度又取决于表象穿行于我们的心智之流时所引起的情绪和感受的强烈程度。很多表象会记录在案，而且记录的实质部分可以被回放，即从记录的档案中被回忆起来，并大致精确地被重建起来。有时候，对老旧材料的回忆能够精细到甚至与新近产生的材料相媲美的程度。

记忆在单细胞生物体中就出现了，这种记忆产生于化学变化。在这里，记忆的基本功能与复杂生物体是一样的：帮助辨认另一个生物体或周围情景，然后决定是接近还是避开。我们也赋予化学/单细胞的记忆以这种简单用处，并从中获益。例如，这种记忆就出现在我们的免疫细胞中。我们之所以能受益于疫苗，是因为我们的免疫细胞一旦暴露在有潜在危险但失活的病原体面前后，免疫细胞就会在下一次遇到同样的病原体时辨认出它们，并在病原体试图在我们的身体中立足之时毫不留情地击灭它们。

记忆是我们心智的显著标志，但它遵循相同的一般原则，除非我们所记住的事物不是发生在分子层面上的化学改变，而是发生在神经回路链条上的临时改变。这些改变与每种感官的精细表象有关，这些表象要么孤立地出现在体验中，要么作为我们心智之流中叙事的一部分出现在体验中。为了使表象的学习和回忆成为可能，大自然所解决的所有问题都是意义非凡的。大自然在分子、细胞和系统层面发现的各种解决方案都是令人拍案叫绝的。在系统层面，与我们的讨论最直接相关的解决方案，比如表象的记忆、我们以视觉和听觉方式感知到的场景的记忆，是通过将外显表象转变为"神经编码"实现的，之后这些编码在表象回忆过程中通过反向工作可以大致被完全重构。这些编码以非外显的方式表征了表象的实际内容及其顺序，并被存储在大脑的枕叶、颞叶、顶叶和额叶的联合皮层中。通过神经索的双向层级回路，这些区域与一些"早期感觉皮层"互联在一起，而早期感觉皮层是外显表象最初形成的地方。在回忆过程中，利用反向神经通道，我们最终重建了一个大致忠实于原初表象的近似表象，反向神经通道是从持有编码的脑区开始运行，并在外显表象形成的脑区中产生效果，表象事实上最初就是在这里形成的。我们称这个过程为回溯激活（retroactivation）[7]。

海马在现在是一个很有名的脑结构，它是这个过程的一个主要搭档，而且它对产生最高水平的表象整合也至关重要。海马还可以将临时编码转变为永久编码。

双侧大脑半球的海马受损会扰乱对整合情景的长期记忆的形成，也会扰乱对长期记忆的回忆。海马受损的患者在某个独特的语境之外仍能辨认物体和事件，但却再也无法回忆起独特的往事。患者能将房子辨认为房子，却无法辨认为他曾经住过的房子。患者无法再记起由个体经验所习得的依赖语境和事件线索的知识，不过还能恢复一般的语义知识。过去单纯疱疹性脑炎是造成这种残疾损伤的主要原因，但现在阿尔茨海默病成了最常见的元凶。阿尔茨海默病会危害海马回路及其关口（即内嗅皮层）中的特定细胞。这种损伤会逐渐瓦解对整合事件的有效学习或回忆。患者由此逐渐丧失了空间和时间的定向能力，无法再回忆或辨认独特的人物、事件和物体，无法再学到新东西。

现在我们很清楚，海马是神经形成（neurogenesis）的重要场所，神经形成是新神经元产生并融合进局部回路的过程。新的记忆形成部分依赖于神经形成。有趣的是，我们现在知道，压力不仅会损害记忆，还会减少神经形成。

对与运动相关的活动的学习和回忆依赖于不同的脑结构，即小脑半球、基底神经节和感觉运动皮层。音乐表演或体育训练所需的关键的学习和回忆依赖于与海马系统紧密联系的脑结构。运动和非运动表象的加工活动能与它们在日常活动中的典型协调相一致。对应于文字叙述的表象与对应于一组相关运动的表象常常在实时体验中一起出现，并且尽管它们各自的记忆是在不同的系统中形成和保存的，但它们能以整合的形式被回忆起来。唱一首带有歌词的歌曲需要回忆中的不同片段的时间锁定的整合：引导歌唱的旋律、歌词的记忆以及与运动相关的记忆。

表象回忆为心智和行为开辟了新的可能性。一旦表象被学习和记起，它们就能帮助生物体识别过去与物体和事件的相遇，并且还能通过辅佐推理帮助生物体完成最精确、最有效和最有用的行为。

大多数推理需要此刻的表象与之前回忆起的表象之间的相互作用。要进行有效的推理，还需要有对将要发生的事的预感，而预料后果所必需的想象过程也依赖于回忆。回忆借助思考、判断和决策的过程来助推有意识的心智，即借助我们在生命的每一天中和我们在平庸到崇高的每件事情中所面临的任务来助推有意识的心智。

对过去表象的回忆对于想象过程至关重要，而想象过程又是创造性的舞台。被回忆起的表象对叙事的建构也至关重要，这种讲故事的能力是人类心智与其他生物体的不同之处，人类会使用当前的和已有的表象，连同使用语言转译，而几乎任何事情都可以在我们的"内部电影制作"中由语言转译来叙述。意义衍生自与包含在叙事中的各种物体和事件有关的事实和观念，而这些意义又进一步被叙事本身的结构和过程所阐明。

　　同样的故事线，即同样的主角、同样的地点、同样的事件、同样的结果，可以产生不同的解释，并因它们被讲述方式的不同而有不同的意义。就心智而言，物体和事件的入场顺序以及与量级和资格有关的相应描述的性质，对于我们对叙事所做的解释、对于它如何在记忆中被存储以及对于它之后如何被提取都有决定性影响。我们总是不停地讲述着发生在我们生活中的几乎任何事情的故事，它们大都是关于重要事情的故事，但也不仅于此。我们还乐于用我们过往经验的偏见和我们的好恶来渲染我们的叙述。我们的叙述不存在公平的与中立的叙述，除非我们努力减少我们的偏好和偏见，尤其是在那些对我们和他人来说性命攸关的事情上，通常都有人友善地劝告我们这样做。

　　相当多的脑力都被分配给了这个搜索引擎，它既能自动地也能按需要让我们回想起过去的心智奇遇。这个过程很重要，因为我们交付给记忆的很多东西关注的不是过去而是对未来的预期，即我们仅仅为自己和自己的观念所设想的未来。想象过程本身是当前思想和老旧思想、新表象和回忆起的老旧表象的大杂烩，但它也一贯地被交付给记忆。这个创造性过程会被记下来，以备未来可能和实际的使用。想象有时会跌回当下，准备用一个增补的幸福时刻来充实我们的快乐，或者在一次损失之后加深我们的痛苦。单单这个简单的事实就足以证明人类在所有生物中的特殊地位[8]。

　　对过去和未来的记忆进行持续的搜索和清理，实际上能使我们直观了解到当前状况的可能意义，并且使我们随着生命的展开预测可能的未来，不管是最近的还是不那么近的未来。可以合情合理地说，我们部分地生活在对未来的预期中，而不仅仅是活在当下。这可能是内稳态本性的又一个重要结果，也就是说它总是不断地搜索即将来临之物，从而超越当下而投入未来。

心智可以包括以下这些方面

1. 多个皮层位点上的表象整合，包括内嗅皮层和相关的海马回路；
2. 表象的抽象化和隐喻；
3. 记忆：基于表象的学习和回忆机制，搜索引擎和基于持续记忆搜索的对最近未来的预测；
4. 基于物体和事件（包括一类被称为感受的事件）的表象来建立概念；
5. 物体和事件的文字转译；
6. 连续叙事的产生；
7. 推理和想象；
8. 通过整合虚构元素和感受来建构大范围叙事；
9. 创造性智力。

07

情感世界

在心智中，支配或者说看似支配我们存在的那个方面关注着我们的周围世界，它既可以是实际的世界，也可以是从记忆中回想起来的世界，其中的物体和事件既可以是人世间的也可以是非人世间的，并由各种感觉类型纷繁复杂的表象所表征，而表征世界的表象通常还会被转译为文字语言并组织成有结构的叙事。可是，要特别注意的是，存在一个伴随所有这些表象的平行的心智世界。这个心智世界非常精妙，它不需要对它本身的任何注意，但偶尔它又如此醒目，从而改变心智的优势部分的进程。这个平行的世界就是情感（affect）的世界，在这个世界中，我们发现感受总是与我们心智中通常较为显著的表象相依而行。感受的直接原因有3个：（1）生物体内的生命过程的背景流，即人们通常所体验的自发的或内稳态的感受；（2）由诸如味觉、嗅觉、触觉、听觉和视觉等各种感觉刺激所触发的情绪性反应，对情绪性反应的体验是感受质（qualia）的来源之一；（3）由驱力（诸如饥饿或口渴）、动机（诸如嬉戏）或情绪所触发的情绪性反应，在更常规的意义上，这些情绪性反应是由于面对繁多且有时是复杂的情境而激活的行动程序，涉及的情绪包括快乐、悲伤、恐惧、愤怒、羡慕、嫉妒、轻视、怜悯和仰慕等。由（2）和（3）所描述的情绪性反应产生的感受是被激发出来的，而不是那种来自最初内稳态流的自发感受。遗憾的是，人们往往用情绪本身的名字来称呼所感受到的情绪体验，这助长了将情绪与感受当作同一种现象的错误观念，实际上它们相当不同。

因此，情感是一个非常宽泛的概念，我不仅用它来指所有可能的感受，而且还用它来指负责产生感受的情境和机制，即负责产生那些让体验变成感受的活动。

感受与生物体的生命展开活动相伴而行，无论这些活动是感知、学习、回忆、想象、推理、判断、决定、计划还是心智创想。将感受当作心智的偶然访客，或者仅仅当作由典型情绪产生的东西，这样的看法都没有恰当地理解这种现象的普遍存在性和功能重要性。

心智是表象组成的队列，就此队列中的几乎每个表象来说，从它进入心智的注意聚光灯那一刻开始到它离开为止，都有一种感受与之相伴而行。表象渴望着情感的陪伴，即便是构成显著感受的表象也可以被其他感受伴随，这有点儿类似于声音的泛音或石子落入水面时形成的一圈圈涟漪。如果生命没有自发的心智体验，没有存在的感受，那么就不会有任何原本意义上的存在。存在的零基点对应着一个让人迷惑的连续无尽的感受状态，这是一个在所有其他心智活动之下多少有些强烈的心智合唱。我说"让人迷惑"，是因为表面上的连续实际上是由多重感受脉冲逐个地建立起来的，而感受则来自持续的表象流。

如果感受完全缺失了，那么存在也就停摆了，即使感受没有彻底消除，也会危及人的本性。假设一下，如果你能减弱心智中的感受"轨迹"，那么你会只剩下关于外部世界的一系列常见的感觉表象（视觉、声音、触觉、嗅觉、味觉），它们多多少少是具体的或抽象的，要么被转译为符号（即语词），要么没有被转译，所有这些感觉表象要么来自实际的感知，要么是从记忆中回想起来的。更糟的是，如果你天生就没有感受轨迹，那么当其他表象流经你的心智时，它们就不会被感染，也不会被修饰。**一旦感受被移除，你就无法对表象进行分类，你将不能区别美丽和丑陋，你将不能区别愉悦和痛苦，你将不能区别高雅和通俗，你将不能区别灵性和粗鄙。**如果感受不起作用了，那么你在对事件和物体做出审美和道德的分类时可能就需要付出极大的努力。当然，机器人或许也可以做到这一点。但理论上来说，你不得不依赖对感知的特征和脉络进行刻意的分析，不得不依赖蛮力的学习。如果没有奖赏及其所伴随的感受，自然的学习过程是难以想象的。

如果没有感受，正常生活是不堪设想的。既然如此，那为什么情感世界还经常被忽视或被视为理所当然呢？其中一个原因可能是：尽管正常的感受无处不在，但通常不会引起多大的注意。幸运的是，我们生命中的大多数时候是正常的，没有出现正面或负面的大波动。感受遭到忽视的另一个原因是：情感的名声不好，这种坏名声来自一些具有破坏性影响的负面情绪，或因为一些魅惑人的情绪往往是一种危险的诱惑。传统的情感与理性的对立源自狭隘的情绪和感受观念，因为这种狭隘观念认为情绪和感受大部分是负面的，并会损害事实和推理。但实际上，情绪和感受有多重益处，只有其中一小部分才是具有破坏性的。大多数情绪和感受对于推动智力和创造性过程是至关重要的。

人们往往认为感受是可有可无的，甚至是危险的现象，而非生命过程必不可少的支柱。不管原因是什么，对情感的忽视将使得人们对人性的描述变得极其贫乏。如果不考虑情感，那么我们就不可能对人类的文化心智做出令人满意的解释。

感受是什么

感受是心智体验，而依此定义，感受是有意识的。如果感受是无意识的，那么我们就不能直接认识它们。但是感受在几个方面不同于其他心智体验。首先，感受的内容总是与产生它们的生物体的身体有关。感受描绘了生物体的内部世界，即内部器官和内部运行的状态，而且正如我们之前指出的，制造内部世界表象的条件使得感受不同于描绘外部世界的表象。其次，由于那些特殊条件，内部世界的描述（即感受的体验）蕴藏着被称为效价的特殊"性状"。如果将生命状况直接转译为心智术语，那就是效价。效价不可避免地要将生命状况标为好的、坏的或介于两者之间的。当我们体验到一种对生命的延续有益的状况时，我们就会用正向的术语来描述它，并称它是令人愉快的；而当这个状况有害的时候，我们就会用负向的术语来描述它，并称它是令人不快的。效价是感受的本质成分，引申开来说，它也是情感的本质成分。

这个感受概念适用于基本种类的感受过程，也适用于对同一个感受的多重体验所产生的变种。一再遭遇同一类触发性情境和随之出现的感受，能让我们在一定程度上内化这个感受过程，从而减少"身体的"共鸣。随着我们一再体验某些情感情境，我们就会在内部叙事中以无言的方式或以华丽的辞藻来描述它们，我们会围绕它们建立起概念，我们会把激情下调一两个等级，使它们更适宜自己和他人。感受的理智化的结果之一是它能够节约这个过程所必需的时间和能量。它有一个生理副本。一些身体结构会被绕过去。我的"替代回路"（as-if body loop）的想法就是实现这一点的方法之一[1]。

无论是现实的还是从记忆中唤起的，能引发感受的景象是无限的。相比之下，感受的基本内容的清单却是有限的，它局限为一类物体——作为感受所有者的生物体，我指的是身体本身的成分和这些成分的当前状态。但我们可以更深入地思考一下这个观念，并且要注意：感受主要由身体的一个区域支配，这个区域就是由位于腹腔、胸腔和厚厚的皮肤中的内脏及其伴随的化学过程所形成的古老的内部世界。支配着我们有意识心智的感受内容主要对应于脏器中正在进行的活动，例如，平滑肌收缩或放松的程度，而平滑肌构成了诸如气管、支气管和肠道等管状器官的管壁，也构成了皮肤和脏器腔内无数的血管壁。在这些内容中同样显著的还有黏膜状态，想一下你的喉咙，它可能处于干燥、湿润或有点儿疼的状态，再者，可以在你吃得太撑或太饿时想一下你的食管或胃。我们感受的典型内容受制于上述脏器的运转状况，取决于它们是平顺的和良好的，抑或是吃力的和异常的。要往复杂方面说的话，所有这些不同器官的状态都是一些化学分子的活动的结果，包括血液中循环的分子或出现在遍及脏器各部位的神经末梢中的分子，比如皮质醇、血清素、多巴胺、内源性阿片肽和催产素。一些药剂和饮料的效力非常强，它们的效用即刻就会表现出来。随意肌（正如我们注意到的，它们是身体框架这个新的内部世界的一部分）的紧张和放松程度也对感受的内容有所贡献，例如，脸部肌肉激活的模式。它们也与特定情绪状态紧密相关，脸部肌肉的激活能迅速地唤起各种感受，比如愉悦和惊讶。我们无须照镜子就知道我们正在体验这类状态。

总之，感受是对生物体的生命状态的特定方面的体验。这些体验不只是装饰，它们还实现了某种非凡的功能：对生物体内部生命状态的实时报告。一个颇具诱惑力的类比是，我们可以把这种报告的想法转译为可一次刷新一页的在线文件的页面，这个页面会告诉我们身体的这一部位或那一部位的状态。然而，鉴于我们刚才已经讨论过的，感受是有效价的，因此这种齐整的、无生命的和冷漠的数字化并不是一个理解感受的合适隐喻。感受提供着关于生命状态的重要信息，但感受不仅是严格的计算意义上的"信息"。基本感受并不是抽象物。它们是基于生命过程的构形的多维度表征之上的生命体验。当然，诚如之前所言，感受可以被理智化。我们可以将感受转译为描述原始生理状况的观念和语词。你可以提及一种特定感受而无须体验那种感受或者仅仅体验那种感受的一种不太强烈的变式，这种情况是可能的，而且也并不鲜见[2]。

当我们要解释一个东西是什么的时候，明确这个东西不是什么是有帮助的。我们可以清楚地知道基本感受不是什么，比如说，如果我现在决定从楼上的海景房到沙滩上（这意味着在我走到沙滩之前，我必须下行一百级左右的台阶），那么感受主要不是关于我用四肢做出的运动设计，也不是关于我的眼睛、头和脖子的运动，这些都是我的身体在脑的控制下实施的，而是这些运作对我的脑说了些什么。确切的感受概念只适用于这个事件的特定方面，即我下台阶时的用力感或轻松感；我这么做的急迫性，以及走在沙滩上和临近大海时的愉悦；或者我在返回时攀爬台阶一段时间后的疲劳。感受主要是关于任何情境下的古老的内部世界的生命状态的特性，比如休息期间、有目的的活动期间或更为重要的对当下思想做出反应期间的生命状态，不管这些反应是由对外部世界的感知引起的，还是由对存储于记忆中的过去事件的回忆引起的。

效价，感受体验的方向

效价是体验的内在特性，我们的体验要么是愉快的感受，要么是不愉快的感受，要么是处于这两个极端之间的感受。非感受的表征可以用"被感觉"或"被感知"这样的术语来称呼，但被称为感受的表征则要被感受到，而我们也会受到这些感受的影响。除了感受内容（即脑所属的身体）的独特性外，正是效价让我们认为感受的体验的等级是不同寻常的。

效价的深层起源可以追溯到神经系统和心智出现以前的早期生命形式，但效价的直接前身可以在生物体正在进行的生命状态中找到。"愉快"和"不愉快"的称谓原则上对应于身体潜在的全局状态是否普遍有利于生命的延续和存活，也对应于那一刻的生命趋势有多强大或多脆弱。不舒服意味着生命调节的状态出了问题。安康则意味着内稳态处在有效范围内。在多数情况下，体验的特性与身体的生理状态之间的关系不存在任意性，即便沮丧和狂躁状态也没有完全脱离这个原则，因为基本的内稳态在某种程度上仍然与负面或正面的情感保持一致。然而，诸如受虐狂之类的病理状态是个例外，因为在这类病理状态下的自我诱导的伤害至少部分地被体验为愉快的。

感受体验是生命对其前景进行评价的自然过程。效价"判断"身体状态的当前效能，而感受则把这个判断通报给身体的所有者。感受表达了生命状态在标准范围内外的波动。即使是在标准范围内，一些状态也比另一些更有效，而感受则是对这些不同程度效能的表达。将生命维持在内稳态的中间范围是必要的，将生命上调到繁荣兴旺的状态始终是生命所期望的。处于内稳态范围之外的状态会导致巨大的伤害，而有些伤害甚至会直接危及你的生命。例如，当全身被感染时，新陈代谢会变得迟滞，而当处于过度兴奋的狂躁状态时，新陈代谢会变得异常活跃。

尽管我们一直在不停地体验着感受，我们却难以满意地解释感受的本质，这不免让人惊讶。感受的内容大概是感受之谜中唯一比较简明和易于处理的方面。我们可以商定构成感受的其中一些事件，商定事件出现的顺序，甚至商定事件在我们身体上分布和排序的方式。例如，为了应对地震的剧烈摇晃，我们可以感觉到早搏，它要比正常心跳来得更强和更早，从而引起我们对它的关注，在早搏出现时或出现前后，我们有可能体验到口干舌燥，甚至喉咙紧缩。来自芬兰丽塔·哈里（Riitta Hari）实验室的一个简单研究证实了我们中的一些人长期以来做出的观察，并且也与诗人的卓越直觉相符。实验表明，在处于与一般内稳态和情绪情境相关的典型感受体验期间，很多人一致认定身体的某些区域也参与其中[3]。头部、胸部和腹部是参与感受的最常见区域，感受确实是在这些地方被创造的。威廉·华兹华斯对此一定会很高兴，他写过："对甜美感觉的感受，在血液中，并一直沿行到心脏。"正如他说的，那些感觉逐渐变成了"恢复宁静的纯粹心灵[4]"。

说来奇怪，相似情境引发的确切感受会受到文化的调节。据我所知，对考试前的紧张，德国学生的体验主要是胃里发慌，而中国学生的体验常常是头痛[5]。

感受的种类

在本章一开始，我提到了一些导致感受的主要生理条件。第一个条件导致自发感受，另两个条件产生受激发的感受。

自发感受，即内稳态感受，来自生物体的生命过程的背景流，这是一个动态的基底状态，它们构成了我们心智生活的自然背景。它们的种类是有限的，因为它们与生物体忙忙碌碌的生命过程有关，与必须不断重复的生命管理的历程有关。自发感受预示着生物体的生命调节的整体状态是好的、坏的，还是介于两者之间的。这类感受将正在发生的内稳态状态通报给各自的心智，由于这个原因，我称它们是内稳态感受。它们的业务就是"留意"生命状态的好坏。内稳态感受对应着倾听生命永不止息的背景音乐（连同步调、韵律和音调，更不用说音量了），即持续地对生命状态做出评价。当我们体验到内稳态感受时，这就要求我们协调好生物体的内部工作。没有比这更简单和更自然的事了。

然而，脑是（实际的或回忆起来的）外部世界与身体之间的一个可渗透的中介物。当身体对要求它从事特定序列活动的脑信息，如加速呼吸或心跳、收缩肌肉、分泌某种化学分子做出反应时，身体会更改其物理构形的不同方面。随后，当脑建构起被更改过的生物体几何结构的表征时，我们可以感觉到这一更改并形成关于它的表象。这就是受激发的感受的来源，这类感受不同于内稳态感受，它们来自种类广泛的情绪性反应（由感觉刺激引起的，或者是因驱力、动机的参与而产生的）和常规意义上的情绪。

一方面，由感觉刺激的属性（颜色、质地、形状、声学属性等）触发的情绪性反应往往会产生身体状态的轻微扰动。这些就是哲学传统上的感受质。另一方面，由驱力、动机的参与所触发的情绪性反应以及情绪通常会形成生物体功能的主要扰动，并且会造成主要的心智动荡。

情绪性反应过程

情绪性反应的相当一部分是隐蔽的。这种隐蔽成分的后果会带来内稳态状态的改变，而且也有可能带来正在发生的自发感受的改变。

当你听到令人愉悦的乐声时，愉悦的感觉来自你机体状态的一种快速转变。我们称这种转变为情绪性的，它是由一组改变作为背景的内稳态的活动组成的。包含在情绪性反应中的活动包括中枢神经系统特定位置上的特殊化学分子的释放或这些分子经由神经通道向神经系统和身体的各区域的传输。特定身体部位（如内分泌腺）也会被调动起来，产生能独自改变身体功能的化学分子。这些忙忙碌碌的业务造成的结果就是脏器几何结构中的一系列改变，例如，血管和管状器官口径的改变、肌肉的扩张、呼吸和心跳节奏的改变。因此，以上述听音乐带来愉悦为例，这时脏器的运转处于和谐状态，也就是说，脏器可以无阻碍或无困难地活动，并且身体本身的和谐状态会及时地发送给负责形成古老的内部世界表象的那部分神经系统；新陈代谢也发生了改变，因此能量需求与生产的比例会达到平衡；神经系统本身的运行也被改进了，因此我们能更容易形成丰富的表象，我们的想象也会变得更流畅；正面表象要比负面表象更受青睐；有趣的是，我们的心理防备性甚至也会下降，正如我们的免疫反应会变得更强一样。当它们在心智中得到表征后，所有这些活动就为人们描述为愉悦的感受状态（这是一种压力最小和相当放松的状态）开辟了道路[6]。负面情绪与特别的生理状态有关，从健康和未来安康的角度来看，这些状态都是有问题的[7]。

从生理学方面来说，由情绪性反应最新诱发的感受就踏行在自发的、内稳态的反应之上，而后者已经沿着自然之流在行进着。情绪性反应背后的过程与自发感受背后过程的相对直接性和透明性有着很大差别。

我们心智中的感受有时是显著的，有时则不那么显著。参与各种分析、想象、叙述和决定的心智会关注一个特定物体是多还是少，这取决于那一刻的相关性程度。并不是每一个事项都值得关注，这对感受来说也是一样的道理。

情绪性反应来自哪里

这个问题的答案很清楚。情绪性反应源自负责指挥各种反应成分的特定脑系统（有时是特定的脑区），这些反应成分包括需要被分泌的化学分子、需要完成的脏器变化、作为某种特定情绪（恐惧、愤怒抑或快乐）一部分的脸部、四肢或全身的运动。

我们知道这些关键脑区的位置是哪些。它们大部分是由下丘脑、脑干（其中，众所周知的导水管周围灰质的区域尤其突出）以及基底前脑（其中，杏仁核和伏隔核是主导性结构）中的神经元群即神经核团组成。所有这些脑区都可以被特定心智内容的加工活动所激活。我可以把某个脑区的激活想象成脑区与特定内容的"匹配"。当匹配发生时，也可以说这个脑区"识别出"一个特定构形时，情绪的触发就会被启动[8]。

其中的一些脑区会直接完成它们的工作，另一些脑区则是通过大脑皮层间接完成它们的工作。不管直接还是间接的，通过化学分子的分泌或者通过特定脑区中能启动特定运动或释放特定化学调质的神经通道的活动，这些小神经核团会尽力到达整个生物体。

皮层下的这组脑区在脊椎动物和无脊椎动物中都存在，但在哺乳动物中尤其显著。它囊括了以驱力、动机和情绪来回应各种感觉、物体和环境的手段。形象地说，如果你不把情绪想象为由一个按键所触发的一组不变的行动，你可以把这组脑区视为一个"情感控制面板"。这些神经核团通过增加特定行为确实发生的概率来完成它们的工作，而那些特定行为往往簇聚在一起。但这个结果不是僵硬不变的，会有各种渐变和变化，而只有模式的本质会保持不变。演化一直在按部就班地建立这些装置。与社会行为相关的内稳态的大多数方面依赖于这组皮层下结构。

情绪性反应的触发是自动的和非意识的，无须我们意志的介入。我们最终会明白，一种情绪的发生不是由于触发情境的展开，而是因为对情境的加工活动引发了感受，也就是说，它导致了对情绪事件的有意识的心智体验。在感受开始出现之后，我们或许会（或许不会）认识到我们为什么会以某种特定方式感受着。

很少有东西能逃脱这些特定脑区的审查。笛声、日落的彩霞、细毛的质地都会产生正面的情绪性反应以及相应的愉悦感受。一张在你年少时属于你的凉亭的照片，或你思念不已的朋友的声音，都会引起愉悦感受。即便在你不饿的时候，你特别喜欢的菜肴的色香味也会触发你的食欲，而诱惑人的照片则会触发情欲。当遇到一个哭泣的孩子时，你会禁不住地想要拥抱和保护他。像婴儿一样，一只双眼忧伤的可爱小狗也会同样触发你根深蒂固的生物驱力，好像我们天生就是如此。简言之，有无数种刺激会产生快乐、悲伤或忧虑，同时，某些故事或场景会引发怜悯或敬畏。当我们独立于所演奏的曲调来倾听大提琴温暖且变化万端的声音，以及当我们听到尖锐粗粝的声音时，我们会做出情绪性反应，前者给我们的感受是怡人的，而后者则是令人不悦的。同样，当我们看见特定色调的颜色时，当我们看见特定的形状、容积和质地时，当我们品尝特定的东西或嗅到特定的气味时，我们会做出正面或负面的情绪性反应。基于刺激的特殊性和个体生活经历的特殊性，有些感觉表象会引发微弱的反应，另一些则会引发强烈的反应。在正常情况下，很多心智内容都会唤起一些或强或弱的情绪性反应，从而产生一些或强或弱的感受。情绪性反应的"激发"来自无数的表象成分甚至是整个叙事，这是我们心智生活最核心也一直持续存在的方面之一[9]。

当情绪性刺激来自对记忆的回想而不是实际出现在知觉中的刺激时，它仍然会产生丰富的情绪。表象的出现是关键，并且机制也是一样的。回想起的材料参与了情绪性程序，而情绪性程序产生了可辨认的相应感受。存在一个促成性刺激，而它也是由表象组成的，只是现在这些表象是从记忆中回想起来的而不是在当下知觉中建立起来的。不管来源是什么，这些表象都会习惯性地产生情绪性反应。情绪性反应接着转变了生物体的背景状态，即正在发生的内稳态状态，而这个结果就是受激发的情绪感受。

情绪的刻板模式

情绪性反应通常遵照特定的主导模式，但它们绝对不是僵化和死板的。主要的脏器改变或反应期间释放的特定分子的确切数量，每一次都有所不同。就其一般性而言，整体模式是可辨别的，但并不是一个精确复制。虽然某些特定脑区要比其他脑区更容易被某个特定知觉构形激活，但情绪性反应并不必然出自唯一的一个特定脑区。换言之，有人认为，一个"脑模块"负责产生会引起愉悦感受的情绪性反应，而另一个脑模块负责产生厌恶感。这个观点并不比如下想法更正确，即认为存在一个情绪控制面板，在这上面，每种情绪都有一个控制按钮。认为新产生的愉悦或厌恶是对之前的愉悦或厌恶的复制，这个观点也是错的。另一方面，每次愉悦的本质和底层机制都足够相似，所以我们在日常体验中很容易辨认这种现象，并且可以不那么严格地追踪到某些特定脑区，这些脑区是在基因的帮助下、在来自子宫和婴儿期环境的或多或少的刺激的帮助下，借助自然选择之力形成的。然而，要说情绪性是固定的，则有一点儿夸大其词。随着我们的发展，所有方式的环境因素都能改变情绪的部署。最终，我们的情感结构在某种程度上是可培养的，我们所谓教化的很大一部分就是通过在家庭、学校和文化的有利环境中培养情感结构而发生的。**我们所说的气质，即我们日复一日对生活的冲击和震动做出反应的或多或少和谐的方式，就是长期的教育过程与情绪性反应的基本成分相互作用的产物。**而这些情绪性反应的基本成分是我们发展过程中所有起作用的生物因素（如遗传、先天和后天的各种发展因素，还有运气）的结果。然而，有一个事情是确定的：情感结构负责产生情绪性反应，并因此影响行为，而人们原本天真地认为，行为是由我们心智中最富有知识和辨别力的成分单独控制的。驱力、动机和情绪常常会把一些东西增加到决定中或从决定中扣除，而我们原本以为决定是纯粹理性的。

驱力、情绪和常规情绪的内在社会性

驱力、动机和情绪的装置与这些反应所在的生物体主体的福祉相关。但多数驱力、动机和情绪也多多少少有内在的社会性，它们的行动场域远远超出个体。欲望和性欲、关怀和养育、依恋和爱都是在社会情境中发生的。大多数的快乐、悲伤、害怕、恐慌、愤怒、怜悯、仰慕、敬畏、羡慕、妒忌、蔑视等也是如此。强有力的社会性是对智人智力的一个本质支撑，它对文化的诞生来说也是很关键的，因此它很可能源自驱力、动机和情绪的机制，并从简单生物的简单神经过程中逐渐形成。如果进一步追溯，社会性是从化学分子的大军中逐渐形成的，其中一些化学分子出现在单细胞生物中。这里提出的要点是，社会性，即对文化反应的诞生来说不可或缺的一组行为策略，是内稳态工具包的一部分。社会性是借助情感之手进入人类文化心智的[10]。

贾亚克·潘克塞普（Jaak Panksepp）和肯特·贝里奇（Kent Berridge）对哺乳动物的驱力和动机的行为和神经方面有过细致研究。其中，期待和欲望是最显著的两个例子，潘克塞普称它们为"探求"（seeking），贝里奇则喜欢称之为"需要"（wanting）。单纯的性和浪漫爱情中的性欲也是如此。对后代的关怀和养育是另一种强有力的补充驱力，对被关怀和被养育的那些人来说，这是依恋和爱的纽带，这种纽带如果断裂，就会带来惶恐和悲伤。游戏在哺乳动物和鸟类中特别常见，对人类生活来说也非常重要。游戏展示了儿童、青少年和成年人的创造性想象，而且也是作为文化标志的发明的一种关键成分[11]。

总之，大多数进入我们心智的表象都会产生一个或强或弱的情绪性反应。表象的起源并不重要。任何感觉过程都可能是一个触发，不管是味觉、嗅觉还是视觉，也不管表象是在知觉中刚刚形成的，还是从记忆中回想起来的。不管表象涉及的是有生命还是无生命的物体，不管表象涉及的物体特征（颜色、形状、声音的音色）是什么，也不管表象涉及的是针对上述物体的行动、抽象还是判断。对流经我们心智的那些众多表象的加工活动的一个可预测后果就是，相应感受的情绪性反应伴随着它们。因此，被激发出来的情绪感受不是对生命背景音乐的倾听。情绪感受就像是听见特殊场合的歌声，有时候它是听见演员盛装出席的歌剧咏叹调。这些曲段是由相同的乐队在相同的大厅（即身体）中针对相同的背景（即生命）演奏的，但是考虑到触发物，当我们对那些思想做出反应并感受反应活动时，心智会在很大程度上与我们正在进行的思想世界而不是身体世界协调。听到的音乐会随着情绪性反应而变化，相应感受的体验也会变化。这种变化至少与不同演奏者演奏同一首著名音乐曲段相似，但曲子的总谱依然是一样的。人类情绪就像是一个标准节目单中能够被辨认出的曲目。

人类荣耀和人类悲剧的一个实质部分取决于情感，不管其谱系是多么谦和和非人的。

分层感受

对表象的情绪性反应甚至适用于被称为感受本身的表象。例如，处于疼痛的状态、感受疼痛的状态，可以被新一层的加工活动（可以说，一个二阶感受）进一步丰富，而这新一层的加工活动是由我们用来回应基本情境的思想促成的。这种分层感受状态的深度或许是人类心智特有的标志，可能正是这种过程强化了人类所谓苦难的状况。

具有与我们相似的复杂脑的动物，如高等哺乳动物，可能也有与我们一样的分层感受。传统上，极端的人类例外论一再否认动物有感受，但对感受的科学研究却在不断地反对这种看法。这不是说人类的感受相比于动物失去了其特有的复杂性、分层性和精细性。动物的感受何以不能像人类那样呢？在我看来，人类的独特性与感受状态用各种观念所建立的联想网络有关，尤其是与我们对当下时刻和未来做出的解释有关。

说来奇怪，分层感受支撑我之前说过的感受的理智化。数量巨大的物体、事件以及由正在发生的感受所唤起的观念，极大地丰富了对驱动情境创造一个理智描述的过程。

伟大的诗歌依赖于分层感受，小说家和哲学家马塞尔·普鲁斯特（Marcel Proust）的毕生工作就是对分层感受的最佳探索。

THE
STRANGE ORDER
OF
THINGS

08

感受的建构

要想理解感受的起源和建构以及领会感受对人类心智的贡献，我们有必要把感受置于内稳态的全景中。愉悦和不愉悦的感受分别对应着内稳态的正向和负向的范围，这个对应关系是一个已经被证实的事实。处于良好乃至最佳范围的内稳态会将自己表达为安康甚至快乐，同时，出自爱和友情的幸福感会帮助维持更有效的内稳态，并促进健康。负面的例子也一目了然。与悲伤相关的压力是由下丘脑和脑垂体的活动以及所释放的化学分子引起的，这些化学分子的释放会减弱内稳态，并使相当多的身体部位受到损害，比如血管和肌肉结构。有趣的是，身体疾病造成的内稳态负担同样会激活下丘脑－脑垂体中枢，从而释放强啡肽，这是一种诱发烦躁的分子。

这些循环性的运作非常引人注目。**从表面上看，心智和脑能影响身体本身，就像身体本身能影响脑和心智。它们其实是同一个东西的两个方面。**

不论感受对应的是内稳态的正向范围还是负向范围，感受过程所涉及的各种化学信号活动和伴随的内脏状态都有改变正常心智之流的能力，这种改变可以是隐微的，也可以比较明显。注意、学习、回忆和想象会被打断，对任务和情况（不管它们琐碎与否）的处理会受到干扰。我们通常很难忽视由情绪感受导致的心智扰动，尤其是与负面感受相关的那类扰动；但即使是对平静和和谐的存在状况的正向感受也希望得到重视。

生命过程与感受特性之间对应关系的根源可以追溯到作为内分泌系统、免疫系统和神经系统的共同祖先的内稳态的活动，而内稳态的活动则隐没在早期生命的薄雾之中。负责探查和回应内部世界（尤其是古老的内部世界）的那部分神经系统总是与同一个内部世界中的免疫和内分泌系统协同运作。我们来考虑一下这个对应关系中若干当前的细节。

例如，身体内的疾病或外部的伤口致使创伤发生时，通常会给人们带来疼痛体验。就前一种情形而言，疼痛是由古老的无髓鞘C类神经纤维所传递的信号引起的，并且疼痛的位置可能是模糊的；对后一种情形来说，疼痛信号的传递使用的是演化上晚些时候才出现的有髓鞘神经纤维，由此带来了一种尖锐的且定位明确的疼痛[1]。然而，无论是模糊的还是尖锐的疼痛感受，都只是生物体内实际发生之事的一部分，而从演化的视角看，它们是最近出现的活动的一部分。还发生了什么其他事吗？这个过程的隐蔽部分是由什么构成的呢？答案是：免疫系统和神经系统都部分参与了对创伤的反应。这些反应包括出现炎症，比如局部血管舒张和大量白细胞（白血球）蜂拥聚集在创伤部位。免疫系统召来白细胞以对抗或预防感染，并清除受损组织的残骸。白细胞通过吞噬作用完成后一种功能，即包围、吞并和摧毁病原体，同时，白细胞通过释放特定分子完成前一种功能。一种演化上的古老分子也是同类中最早的分子脑啡肽原（proenkephalin），会被分解为两种局部释放的活性成分。一种成分是抗菌因子（antibacterial agent），另一种成分是镇痛阿片（analgesic opioid），它会作用于一类位于创伤部位的周围神经末梢上的特殊阿片受体，即δ类受体。皮肉状态的局部破裂和重组的许多信号只在局部被神经系统接收并逐步被映射，并因此成为疼痛感受的多层基质的一部分。但同时，阿片分子的局部释放和吸收有助于麻痹疼痛和减轻炎症。因为有了这种神经–免疫合作，内稳态才能保护我们免于感染并尽量减少麻烦[2]。

但事情不仅如此。创伤还会激起情绪性反应，并导致一连串活动，比如可能被人们描述为退缩的肌肉收缩。这类反应和随之而来的生物体构形的改变也会被映射，并因此被神经系统"表象化"为同一事件的一部分。为运动反应创造表象有助于保证这个情境不被忽视。奇怪的是，这些动作反应在神经系统存在很久之前就在演化中出现了。在其身体的完整性受到危及时，简单生物体也会后退、畏缩或战斗[3]。

简言之，我刚才描述的人类对创伤做出的这一揽子反应，包括释放抗菌分子和镇痛分子，退缩和逃避反应，是一种古老且有序的反应，它源自身体本身与神经系统之间的相互作用。在演化的后期，在具有神经系统的生物体能够映射非神经事件后，这种复杂反应的成分得以表象化。我们称之为"疼痛感受"的心智体验就来自这种多维表象[4]。

我想表达的要点在于，疼痛感受得到了一组较古老的生物现象的充分支持，从内稳态的观点看，这组生物现象的目标非常有用。认为没有神经系统的简单生命也有疼痛的观点是不必要的，而且也是不正确的。没有神经系统的简单生命确实具有一些构造疼痛感受所需要的成分，但我们可以合理地假设：要使疼痛本身作为心智体验出现，那么生物体就需要有心智。生物体要有心智，就需要具备能映射结构和事件的神经系统。换言之，我认为没有神经系统或心智的简单生命形式曾经有且现在仍然有精细的情绪过程、防御和适应的行为程序，但没有感受。一旦神经系统登场，感受的道路就打开了。这就是为什么简朴的神经系统也能支撑某种程度的感受[5]。

经常有人会不无道理地问：究竟为什么感受会让人感觉到，比如是舒服的或是难受的，是尚可容忍的沉寂或像不可抑制的风暴。原因现在应该很清楚了：当构成感受的一整组充分的生理事件在演化上开始出现并提供了心智体验时，它就会产生影响。感受让生命变得更好，能够延长和挽救生命。感受谨遵内稳态命令的目标，并借由它们对其所有者的心智产生影响来达成目标，就像条件性位置厌恶（conditioned place aversion）现象所证明的那样[6]。感受的出现与另一种功能的发展紧密相关，即意识，尤其是主观性。

感受给其所在的生物体提供的知识是有价值的，这可能是演化设法保留感受的原因。感受能从内部影响心智过程，而且感受是不可抗拒的，因为感受具有天然的积极性或消极性，因为感受起源于促进健康或死亡的行为，也因为感受能够支配和震撼感受的主体，并迫使其关注自己的处境。那种仅仅把感受解释为中立和平淡的感知映射/表象的理论完全错失了感受的关键成分，即感受的效价和感受能够引起主体注意的能力。

这个对感受的与众不同的解释表明，心智体验事实上并不是来自神经组织中对物体或事件的平淡映射。相反，它们来自对与神经现象相互交织的身体本身现象的映射。心智体验并不是"瞬间画像"，而是有一个及时的过程，它们是对身体本身和脑中若干微观事件的叙事。

当然，我们可以设想自然原本是以另一种方式演化的，并且没有演化出感受。但自然并没有这样做。感受背后的基本法则是已居其位的生命维持下去的不可或缺的一部分。此外，感受出现所需要的一切就在于出现能产生心智的神经系统。

感受来自哪里

要想象感受是如何在演化中出现的，我们有必要考虑一下在感受出现之前的生命调节原本是什么样的。单细胞或多细胞的简单生物体就已经具有精细的内稳态系统，以负责搜寻和吸收能量，进行化学转化，排出废物、毒素和其他东西，更换不再起作用的结构成分并重建其他结构成分。当生物体的完整性受到可能导致损伤的威胁时，生物体可以发起多方面的防卫，包括释放特定分子和启动保护性动作。简言之，尽管困难重重，生物体仍然可以维持其完整性。

在最简单的生物体中，尽管在细胞质中存在早期形式的相互配合的细胞器，也存在细胞膜，但还没有神经系统，甚至没有一个指挥中心。正如之前提到的，在神经系统最终出现之前，它们还只是"神经网"，即一种简单的神经元网络，其设计最多类似于当前脊椎动物的脑干（包括人类的脑干）中的网状结构。神经网主要负责生物体的核心功能，即消化。在可爱的水螅类生物中，神经网负责身体运动（我的意思是游动）、对其他物体做出反应、控制口腔张开以及进行蠕动。水螅类生物过去属于并且现在也属于浮游美食系统的基本组成成分。无论是对外部世界还是对内部世界，神经网可能都无法产生关于它们的映射或表象，因此，它们产生心智的可能性很低。演化需要再花几百万年来跨越这个限制。

在神经系统出现之前，很多有利于内稳态的发展始终在发生着。首先，一些特定分子已经能够指示出细胞的生命状态是有利的还是不利的，这种能力甚至适用于细菌这个等级的细胞。其次，我们现在所知的先天免疫系统在早期的真核细胞中已初具雏形。所有有体腔的生物体，比如阿米巴虫，都具有先天免疫系统，但只有脊椎动物有适应性免疫系统。例如，通过注射疫苗，人们可以诱导、训练和改善适应性免疫系统[7]。要记住，免疫系统是一种特殊的全局系统，全局系统还包括循环系统、内分泌系统和神经系统。免疫系统保护我们免受病原体的伤害和随之而来的损伤。它是生物体完整性最早的岗哨，也是效价的一个主要贡献者。循环系统通过分配能量源和帮助排除废物来实现内稳态的命令。内分泌系统能调整子系统的运转，以便匹配整个生物体的内稳态。神经系统逐渐担当了协调所有其他全局系统的大师的角色，同时它还管理着生物体与其周围环境的关系。神经系统的后一个角色依赖于它的一个关键发展：心智的世界的诞生。感受在这个世界中赫然耸立，想象力和创造性也因此变得可能。

在我当前支持的场景中，生命调节最初是在没有任何感受的情况下完成的。那时还没有心智和意识，有的只是一组内稳态机制在盲目地做着各种选择，它们最终也会有益于生存。能够形成映射和制造表象的神经系统的出现为简单心智的出场开辟了道路。在寒武纪物种大爆发期间，由于存在众多基因突变，一些有神经系统的生物不仅能形成关于其周围世界的表象，还能形成默默忙碌的生命调节过程的表象对应物。这会成为相应心智状态的基础，而心智状态的主题内容将会依照生物体当时的生命状况而被赋予效价。这时生物体会感受到进行中的生命状态的特性。

一开始，这些生物的神经系统的其余部分非常简单，只能产生各种感觉信息的简单映射，但随着生物体引入关于自身"有利于生命或不利于生命的"状况的必要信息，它们能够产生比以前更有利的行为反应。配备了这种新颖成分的生物体也就有了一种简单资格，从而能够形成关于地方、物体或其他生物的表象，这种新成分将使生物体获得一种自动引导能力，以引导它们是否应该靠近或远离特定的地方、物体或其他生物，因此生命能运行得更好，活得更久，并更有可能繁殖后代。配备了掌管这个新颖和有利特征的基因程式的生物体无疑会在演化选择的游戏中胜出。这个特征将不可避免地在自然中扩散开来。

我们没法确切地知道感受的实际出现是何时以及它是如何在演化中发生的。所有脊椎动物都有感受，并且我越是思考社会性昆虫，就越是怀疑它们的神经系统能否产生具有早期感受和意识形式的简单心智。最近的一项研究支持这个观点[8]。可以确定的是：心智诞生后支撑感受的过程已经存在很久了，并且这个过程包括产生感受的标志性成分，即效价所必要的机制。

话说回来，在我看来，尽管早期的生命形式能够进行感觉和做出反应，并且也有支持感受的基底成分，但它们还不是感受、心智或意识。要获得所谓的心智、感受和意识，演化还需要扩展许多关键的结构和功能，而这些扩展很大程度上都出现在神经系统中。

很多比我们简单的生物，包括植物，能感觉环境中的刺激并对它们做出反应[9]。简单生物会为其机体的完整性奋力拼搏，但植物不行，因为植物很大程度上缺乏移动能力，它们被束缚在纤维素里。**如果你无法移动，那么你就很难做出回击。**虽然感觉、反应以及对各种机体威胁做出有力防御是伟大而斑斓的生命故事中不可或缺的一部分，但它们仍然无法媲美心智、感受和意识这样的现象。

"组装"感受

到目前为止，我所论述的事实为感受提供了一个理论说明，并概述了感受背后的一些关键过程，就像效价的脚手架。我提到了一些神经方面的条件，它们可能在效价生理学上扮演着补充角色。

很显然，有助于效价的大量信息出现在一个不寻常的背景，即身体结构和神经结构的连续性中。我之前用其他术语解释过这一点，例如，身体和脑的"紧密联系"、身体和脑的"紧凑结合"或"融合"。"连续性"这个术语增加了另一些细微差别[10]。在感受的体验中，在产生关键内容的物体（即身体）与神经系统（传统上被视为信息的接收器和处理器）之间，几乎或完全没有解剖学和生理学上的间隔。物体/身体与处理器/脑这两方毫无疑问是毗邻的，并且存在出乎意料的连续性，这使得它们能进行丰富的相互作用，而且我们也渐渐开始理解它们是如何实现这种相互作用的。这些相互作用包括针对特定组织的分子和神经的运行，以及相应的反应。

感受不单是神经事件。身体本身也深深地介入其中，并且这种介入包括其他重要的、与内稳态相关的系统的参与，比如内分泌系统和免疫系统。感受是身体与脑这两者相互配合而产生的现象。

无论感受是积极的还是消极的，单纯的神经现象和心智现象都无法以有力的方式理解这个作为强烈感受的标志的主体。单纯的心智或神经现象都无法给复杂的生物提供扬帆远行所需的东西。

身体和神经系统的连续性

常规的看法是，来自内环境的化学和脏器信号通过周围神经系统开辟了从身体到脑的通路。同样常规的看法认为，中枢神经系统的核团和大脑皮层接着会负责余下的过程，即负责调配出实际的感受。但这些描述已经过时了，因为它们仍然局限于神经科学的早期看法，这些历史看法几十年未变，在现在看来是很不完整的。许多研究揭示出身–脑联系中存在若干奇异特征，它们对感受的产生过程极为重要。**简言之，身体与神经系统通过一些结构的"调和"和"合作"来进行"交流"，而这是由身体与神经系统之间的连续性保证的。**我不反对用"传输"来描述信号在神经通路中的行进，但"身体向脑的传输"这个观点是有问题的。

如果身体与脑之间没有分隔，如果身体与脑相互作用并形成一个有机的单一单元，那么感受就不是在"感知"的常规意义上对身体状态的感知。这里主体–客体、感知者–被感知者的二元性就瓦解了。与其说是过程的一部分，倒不如说存在一个统一体。感受是这个统一体的心智方面。

然而，在身–脑交互的复杂过程的一个不同点上，二元性又回来了。当身体框架及其感觉门户的表象成形后，当脏器占据的空间位置的表象交付给整体框架和其中的布局时，就能产生一个生物体的心智视角。这是一组分离的表象，它们完全不同于对外部世界的感觉表象（视觉、听觉和触觉等），也不同于感觉所引发的情绪和感受。于是二元性出现了，一边是"身体框架和感觉门户活动"的表象，另一边是其他表象，即那些关于外部世界和内部世界的表象。那是与主观性过程有关的二元性，我会在第9章讨论这个议题[11]。

迄今为止，对感受生理学的一些最佳说明有赖于感受的来源（即生物体内与生命相关的活动）与神经系统之间的独特关系，常规上，人们认为神经系统形成了感受，正如它形成视觉或思维那样。但这些说明只抓住了一部分真相，而没有考虑一个重大事实：生物体与神经系统之间的关系是血脉相连的。神经系统毕竟在生物体体内，但它不同于读者在房间内或钱包在口袋内这种界限清晰的分离关系。借助神经通道以及在相反的方向上借助化学分子，神经系统与身体的各个部分都有交互配合，因为神经通道分布在身体的所有结构中，而化学分子在血液中循环流动并且还可以在一些名称怪异的检查站位置上直接进入神经系统，比如在"极后区"和"脑室周围器官"。你可以把这些特殊区域想象为"无国界的自由通行站点"，反之，其他地方则存在"边界检查站"，即血脑屏障，用于防止大多数化学分子直接进入脑部，或者相反。

　　总体来说，神经系统给予身体以直接而无阻碍的访问权利，同样，身体也给予神经系统自由访问的权利，而访问的位置通常也是脑通向身体的同一个位置，脑与身体的你来我往形成了一些多重信号的稳固循环：从身体到脑，从脑到身体，又从身体到脑。换言之，由于身体提供给脑的是关于其自身状态的信息，因此脑的返回信息会实时地改变身体状态。身体的反应范围相当广泛，包括各个器官和血管中的平滑肌的收缩或能够改变脏器和新陈代谢运行的化学分子的释放。在一些情况下，这些改变是对身体"告诉"脑的事情的直接回应，但在另一些情况下，改变则是独立和自发的。

　　举个例子，神经系统与我们看到或听到的对象之间显然不存在可比较的关系。被看到或被听到的对象不再需要能映射其特征并感知（从"感知"一词本来的意义来理解）它们的感觉器官。两者之间没有自然和自发的交互，而是隔阂，且通常是巨大的隔阂。要介入所见所闻的对象必须审慎，而且这种介入的执行处于由对象和感知器官形成的"二重唱"之外。不幸的是，这个重要的区别在认知科学、心智哲学和相关讨论中似乎被故意地忽视了。不过，这个区别不太适用于触觉，也不太适用于味觉和嗅觉这些接触性感知。演化发展出了远程感知（telesense），通过远程感知，外部物体首先在神经和心智上与我们连接起来，并且只有通过情感过滤器的间接作用才能到达我们的内部生理世界。较为古老的接触性感知则能更直接地到达内部生理世界[12]。

　　我们可能因为大意而未能指出脑处理生物体内部世界的事件与处理外部世界的事件之间的不同方式。我们也可能同样大意而没有假设这个差别有助于我们之前讨论的效价建构。因为效价首先是对生物体内的内稳态的好坏状态的反映，所以我可以合理地推测：身体与脑在处理事务上的这种亲密性，对于把内稳态状况转译为脑功能状态和相关的心智体验是有帮助的。当然，正如读者马上会看到的那样，要是转译所必需的装置存在，那么情形就确实会如此。身体与脑之间的亲密伙伴关系以及这种亲密性的生理学细节有助于效价的建构，而这正是感受能够吸引我们注意背后的主要因素。

周围神经系统的作用

身体是真的把关于其状况的信息传递给神经系统呢，还是身体与神经系统协调融合，以便后者能持续地评价身体状态？基于我们迄今所做的讨论，这两种解释对应于身-脑关系演化的不同时期，并对应于不同水平的神经加工活动。协调融合说是描述古老的内部世界如何使用古老的功能安排将身体与脑交织起来的唯一方式。而传递说很符合脑解剖结构和功能的更现代的方面，并说明了这些现代方面如何既占领了古老的内部世界也占领了新的内部世界。

据说通常在内稳态事务中，身体是将其活动的信息传递给中枢神经系统的，即通过各种路线将相关信息引入古老的、所谓的"情绪"脑区。这种典型描述针对的是若干组主要的神经核团，比如杏仁核，并且也针对脑岛区域的一些大脑皮层、前扣带皮层以及额叶的腹内侧区域的几个部分[13]。这些结构还有其他一些流行称谓，包括"边缘系统"和"爬行动物脑"。我们可以理解这些术语是如何进入文献的，但今天这些术语已无多大用处了。例如，对于人类来说，所有这些"古老的"脑结构都包括"现代的"部分，这有点儿像老房子新装了昂贵的厨房和浴室。这些脑区的运行不是独立的，而是相互作用的。

传统解释的一个更大的问题在于，上面提到的那些古老的脑结构并不是故事的全部。这种解释遗漏了一些重要的神经结构，尤其是位于大脑皮层下面的脑干核团，而脑干核团是加工与身体相关的信息的关键处理器[14]。一个典型的例子是臂旁核[15]，这些核团不仅接收关于生物体状态的信息，而且还是情绪性反应的发起者，这些情绪性反应涉及驱力、动机和常规情绪，其中一个典型例子是导水管周围灰质里的神经核团[16]。传统解释的一个最严重的遗漏可能在于某个早期的更古老的部位，而它与靠近身体的周围神经系统相关。我们需要改进这个说明。

与感受相关的中枢神经系统的结构在演化上确实比负责复杂认知的神经结构更古老。同样真实却又被严重忽视的一点是，那些我们认为将身体信息传递给脑的"周围"结构的装置同样古老，甚至更为古老。我们重视与感受相关的中枢神经系统，却忽视了周围神经系统。

事实上，与感受过程相关的外周传送是非常独特的，它不同于从视网膜经由视神经到脑的信号传递，也不同于触觉信号从皮肤经由演化上较现代的精细神经纤维到脑的传递。这个过程的一部分传递甚至不是通过神经的，也就是说，它不涉及沿神经元链条的有规则的神经发射。这个过程是由体液引起的：游动在毛细血管中的化学信号浸泡在未被血脑屏障隔离的某些神经系统的区域，并因此能直接将内稳态状况的信息通告给那些脑区[17]。

正如其名称所暗示的，血脑屏障的作用是保护脑免于受血流中分子的影响。但我之前提到过两个因缺乏血脑屏障而众所周知的中枢神经系统区域，它们可以直接接收化学信号。那些先前已经为人所知的区域包括位于脑干层级的第四脑室的底部的极后区，以及位于较高位置的端脑中的侧脑室边上的各个室周器[18]。最近的发现表明，背根神经节也没有血脑屏障[19]。这尤其吸引人，因为背根神经节将神经元的细胞体聚集在一起，这些神经元的轴突则广泛分布于脏器中，并负责将身体信号传递到中枢神经系统。

背根神经节沿着脊柱定位在每块脊椎骨的两侧，它将身体外周与脊髓连接起来，即将周围神经系统与中枢神经系统连接起来。这是将感觉信号从四肢和躯干传递到中枢神经系统的路径之一。脸部信息也是通过两个巨大而孤单的神经节——脑干两边各有一个的三叉神经节集中地传递的。

这个发现意味着，尽管神经元负责将外周信号传送到中枢神经系统，但它们并非独自完成这个任务。相反，它们是有帮手的，它们受到血流中化学分子的直接调节。例如，帮助产生来自伤口的疼痛的信号就被精确地传送到这类背根神经节[20]。综上所述，信号并非是"纯粹"神经性的。通过血流中有影响力的化学分子，身体对这个过程有直接的发言权。同样的影响也出现在神经系统较高水平的脑干和大脑皮层上。穿透血脑屏障是一种协调融合身体与脑的机制。事实上，可渗透性也许最终是周围神经节的一个相当普遍的特征[21]。对感受进行研究时需要考虑这些事实。

身–脑关系的其他奇特性

学界很早就知道，内感受性信号到中枢神经系统的传送主要由两种神经元负责，一种是其轴突没有髓鞘的神经元，即C类神经纤维；另一种是轴突有少许髓鞘的神经元，即A类神经纤维[22]。这也是一个已经确立的事实，但对这个事实的解释通常是：它仅仅表明内感受性系统的出现是演化中的一个可敬时代，除此之外没有进一步的重要意义。我的解释与此不同。我们不妨考虑如下事实。

髓鞘是演化的一项重要成果，它使轴突绝缘，让轴突中的电流不至于泄漏，从而让轴突能快速地传递信号。我们现在对外部世界的感知，比如我们看到的、听到的和触摸到的，是经由绝缘性能好、快速又安全的有髓鞘轴突传递的。我们在世界中做出的熟练而快速的运动以及我们的思维、推理和创造性这些高级认知活动也是依赖有髓鞘的轴突传递的[23]。依赖有髓鞘的轴突对信号的发放是现代的、快速的、高效的，就像硅谷一样。

所以，当我们发现内稳态和感受是由漏电、缓慢而又古老的无髓鞘纤维负责时，这会是多么古怪啊！要知道内稳态是我们生存不可或缺的装置，而感受是绝大部分内稳态所依赖的宝贵的调节界面。我们如何解释机警的自然选择没有淘汰掉这些低效又缓慢的螺旋桨飞机，从而支持具有"大涵道比"涡扇发动机的快速喷气式飞机呢？

我认为有两个理由。我先讲一个与我的思路相悖的理由。髓鞘是由非神经细胞，即被称为施旺（Schwann）细胞的神经胶质细胞费力地缠裹轴突而形成的。简言之，神经胶质不仅为神经网络提供了支架，而且绝缘了某些神经元。现在，就能量而言，因为建造髓鞘是非常昂贵的，因此让每个轴突都装配上髓鞘的花费可能超过其收益。鉴于古老纤维的工作也还过得去，因此演化不会购买髓鞘这种费用高昂的产品，而缺乏髓鞘也没有额外的影响。

大自然选择接受现状的另一个理由则很符合我的思路。无髓鞘神经纤维实际上为制造感受提供了不可或缺的机会，演化绝对不会因为贵重的绝缘纤维而抛弃那些机会。

髓鞘的缺席创造了什么机会呢？第一个机会是无髓鞘神经纤维对周围化学环境的开放性。现代的有髓鞘神经纤维只能在轴突沿线的少数郎飞氏结处接受化学分子的作用。这些郎飞氏结是髓鞘绝缘体的缺口。相比之下，无髓鞘纤维则完全不同，它们就像琴弦，在任何位置都可以弹拨。这一特性有利于身体与神经系统的功能协调融合。

第二个机会更吸引人。因为没有绝缘性，并排的无髓鞘纤维可以用众所周知的旁触传递（ephapsis）的形式传递电脉冲。电脉冲以垂直于纤维的方向进行传导。在神经系统的运行中，尤其是在人类的神经系统中，旁触传递通常不被考虑。基于合理的理由，大多数人把注意放在神经突触上，这是一种神经元与神经元之间传递电化学信号的装置，我们的认知和运动也大多依赖于此，而旁触传递是一种古老的机制，教科书通常也不再提起它。但它很有用，可以说不可或缺。例如，通过放大沿着神经干传递的反应，旁触传递可以改变对轴突的征调。有意思的是，迷走神经中的纤维（它们是传递从整个胸部和腹部到脑的神经信号的主要导线）几乎都是无髓鞘的。旁触传递可能在迷走神经极为重要的运行中发挥了一些作用。

信号传递的非突触机制是一个事实。这种机制不仅发生在轴突之间，而且发生在神经元细胞体之间，甚至发生在神经元与诸如胶质细胞这样的支持细胞之间[24]。

被忽视的肠道

身–脑关系的许多奇异特性尚未被认识，或者一直遭到忽视，这的确让人惊讶。最让人惊异的一点是人们对肠神经系统的忽视，肠神经系统的大部分成分负责调节从咽喉、食管到之下所有的消化道的运行。即使在医学教学中，它也很少被提到。当提到它时，一般也只是把它当作神经系统的"周围"成分。人们直到最近才开始对它进行详细研究。在对内稳态、感受和情绪进行科学研究时，人们几乎从未考虑过这个系统，也包括我在那些领域进行的研究。当在那些领域提到肠神经系统时，人们一直相当谨慎。

事实上，肠神经系统属于中枢神经系统，而不是周围神经系统。其结构巨大，其功能更不可或缺。它估计由1亿至6亿个神经元构成，这大概相当于、甚至超过脊髓神经元的数量。它的大多数神经元是向内的（intrinsic），正如高级脑中的大多数神经元是向内的一样，也就是说，它们是这个结构所固有的，而不是从生物体的其他部位移过来的，它们的工作就局限在这个结构内而不会投射到其他地方。只有少部分神经元是向外的（extrinsic），它们主要通过迷走神经连接到中枢神经系统。向内神经元与向外神经元的比例大概是2000∶1，这标志着肠神经系统是独立的。相应地，肠神经系统的功能也主要受自己控制。中枢神经系统不会告诉肠神经系统要做什么和如何做，但可以调节其运行。简言之，肠神经系统与中枢神经系统之间有持续的通信，其中多数通信是从肠道到高级脑。

肠神经系统最近被称为"第二脑"。这主要归因于其体量大且有自主性。演化至今，肠神经系统在结构和功能上确实仅次于高级脑。然而，有一些证据表明，肠神经系统的发展在历史上要早于中枢神经系统的发展[25]，这有很多理由，且都与内稳态有关。在多细胞生物体中，消化功能是处理能量源的关键。进食、消化、提取所需的化合物以及排泄，对生物体的生活来说是不可或缺的复杂操作。与消化一样不可或缺但简单得多的功能是呼吸。相比于胃肠神经束必须努力完成的众多任务，从呼吸道吸收氧气并把二氧化碳排出体外的任务简直是小菜一碟。

人们可以在我早先提到的属于腔肠动物家族的一些原始生物中发现一些与肠道类似的东西，这有助于我们寻找胃肠神经束在演化中的源头。正如前面所提到的，腔肠动物看起来就像麻袋，它们基本上在水中漂浮而生。它们的神经系统属于神经网一类，被认为代表了神经系统的最古老形式。神经网在两个方面与现代肠神经系统相似。第一，它们能引发蠕动，从而促使含有食物的水流入生物体、驻留其中和排出体外。第二，在形态学上，它们很容易使人联想到哺乳动物肠神经系统中的一个重要的解剖特征：肠肌神经丛。尽管腔肠动物的出现可以追溯到前寒武纪，但演变为与中枢神经系统相似的结构要在寒武纪的扁形动物中才开始出现。我们或许可以饶有趣味地认为肠神经系统说不定就是"第一脑"。

鉴于我之前对髓鞘的评论，如果我们发现肠神经系统的神经元都是无髓鞘的，不该感到诧异。肠道神经的轴突聚集成束，被绝缘的肠神经胶质细胞不完全地包裹着。这种设计有助于旁触传递，即我们之前讨论周围神经系统的无髓鞘神经元时提过的横向的轴突间交互。少许轴突的活动能征调邻近聚集在一起的其他神经纤维，从而导致信号放大。征调邻近神经纤维会支配附近区域的活动，这会产生源自胃肠活动的那种典型的、位置模糊的感受。

一些证据显示，胃肠神经丛和肠神经系统对感受和心境有重要影响[26]。举例来说，如果说对安康的体验与肠神经系统的功能有重要关联，我不会感到惊讶。恶心就是一个例子。肠神经系统是迷走神经的主要支流，而迷走神经是腹部脏器到脑的主要信号通道。除此之外还有其他的佐证事实。例如，消化紊乱往往与心境疾病有关，而且神奇的是，肠神经系统分泌了整个身体95%的血清素，这是一种对情感紊乱及其校正有关键作用的神经递质[27]。也许这里新报道的最吸引人的事实是细菌世界与肠道的亲密关系。大多数细菌能够与我们快乐共生，它们占据了我们的皮肤和黏膜的各个部位，在皮肤和黏膜的褶皱处分布最多。肠道中的细菌数量是最多的，大约数以十亿计，比整个人体自身的细胞还多。这些肠道细菌如何间接或直接地影响感受世界，是21世纪科学研究的一个有趣课题[28]。

感受体验位于何处

当我探查那些构成心智领域的对象时，我会将感受置于何处呢？答案很简单：我将感受定位在身体中，正如在我心智中所表征的那样，并且具有相当完全的坐标，堪比GPS全球定位系统。如果我在削土豆时割伤了自己，那么我会感到伤口就在手指上，且疼痛的生理机制会告诉我伤口的精确位置：在我左手食指的皮肉上。负责疼痛的复杂过程首先是局部的（正如之前提过的），在神经信号到达负责上肢的背侧根神经节后，这个过程会继续进行。在此，这个过程也不完全是神经性的，因为血流中的分子可以直接影响神经元。接着，其细胞体位于背侧根神经节中的所谓假单极神经元会把信号传送到脊髓中，在这里它们在各自层级上以复杂方式融进脊髓的后角和前角。或许只有到了这一点，常规的传递才出现，信号接着从那里上行到脑干核团、丘脑和大脑皮层。

标准解释会认为，脑只是将伤口的位置信息登记在脑内的"面板"上，这种面板就像大型工厂里的指挥控制室或现代航天器的驾驶舱里的大型发光面板。如果Y面板的X位置的灯亮了，控制室里具有心智的人就会理解为X位置出麻烦了。负责监控面板的人、飞行员或被设计来执行监控功能的机器人装置就拉响必要的警报，并采取矫正措施。但这也许不是身–脑协议的行为方式。我们确实定位了疼痛，这当然很有用，但同样重要的是，对疼痛的情绪性反应会让我们停下来，而且这个情绪性反应会被感受到。我们对伤口的部分解读和我们的大部分反应都取决于感受。如果可以，我们能相应地甚至故意地做出反应。

让人惊奇的是，就像工厂或航天器一样，我们的脑也有面板，这面板位于大脑皮层的感觉运动区，上面有我们身体结构各方面的映射：头、躯干、四肢和它们的肌肉骨骼框架。可是我们在脑的面板中不会感到疼痛，就像工厂的麻烦不会定位在指示它的监控室的面板上。我们感受到疼痛的地方在其来源处，在其周围，而那恰恰就是效价的建立者开始它们艰苦工作的地方。这个有利的指示需要负责感受体验的脑区（某些脑干核团、脑岛和扣带皮层）与负责在身体的全局神经映射中对周围过程进行定位的脑区（感觉运动皮层）的紧密合作。这个心智过程阐明了与感受和感受过程起点有关的内容。这两方面并不要求在同一个神经空间中，并且显然也不在同一个神经空间中。这两者起源于神经系统的不同部位，它们可以通过快速的时序活动很大程度上保持在同一个时间单位中。此外，通过神经连接，这两个分离的部分可以在功能上连接起来形成一个系统。

回到削土豆的经历：我身体遭受的损伤引起了显著的化学、感觉和运动的扰乱，而且除非我以某种方式处理好这个问题，否则它就无法让我安心。这些扰乱不允许我忽视或忘记它们，因为感受过程的负面效价会强有力地占据我的注意力，让我无心他顾。这还确保我会相当有效地记住该事件的细节。在心理体验的内容中，没有什么是无关的或超然的——我以后再也不要削土豆了。

感受得到了解释吗

此时此刻，对于感受，我们能自信地说些什么呢？我们可以说，这些现象的独特性与它们扮演的关键的内稳态的角色紧密相关。感受的产生背景与其他感官现象极为不同。神经系统与身体的关系是不寻常的，至少可以说前者在后者里面，两者不仅是毗邻的，而且在某些方面还是连续和交互的。正如我之前讲过的，身体与神经运行在多个层级上融合，从神经系统的周围一路到大脑皮层和皮层下的各大神经核团。事实上，因为内稳态需求的推动，身体与神经系统之间一直进行着无休止的对话，这表明感受在生理学上是基于一些混合的过程，它们既不纯粹是神经的，也不纯粹是身体的。这些就是等式两侧的事实和状况：一侧是被我们称为感受的心智体验，另一侧是与感受相连的身体和神经过程。对神经和身体各方面背后的生理机能的进一步探索使得我们有希望进一步阐明该等式的心智一侧的内容。

我们已经讨论过，感受是内稳态的心智表达，是生命管理的工具。此外，我们也提到过，情感结构是演化围绕感受建立起来的，由于这个结构的频繁参与，如果不把感受包括进来，我们就根本无法有意义地讨论思维、智能和创造性。**感受在我们的决策里起着关键作用，它渗透于我们的存在中。**

THE STRANGE ORDER
OF THINGS
那些 ▶
古怪的秩序

感受可以让我们烦恼或高兴，而如果我们进一步深入思考片刻，就会发现这并不是感受的主要功能。感受服务于生命调节，它是关于我们生命的基础内稳态或社会境况的信息的提供者。感受提醒我们需要回避哪些风险、危险和正在发生的危机。就好的一面来说，感受让我们知晓机会的存在，它能引导我们做出有利于改善我们整个内稳态的行为。在这个过程中，它让我们活得更好，对自己的未来以及他人的未来更负责任。

生命中那些让我们感受舒适的事件能促进有利的内稳态状态。如果我们能够爱人并且感到被爱，如果我们的期望真的实现了，那么我们会认为自己是快乐和幸运的，但无须做出特别的行动，我们的一般生理参数就会朝着有益的方向移动，比如我们的免疫反应会变得更强。感受与内稳态之间的关系是很紧密的，而这种关系是互有利弊的：构成疾病的受干扰的生命调节状态会被感受为痛苦。被疾病改变了的身体本身的表征所对应的感受就是痛苦。

还有一点也是很明确的，不愉快的感受是由外部事件引发的，而不是由遭到干扰后实际导致生命调节状态被扰乱的内稳态引发的。例如，由个人损失引起的持久悲伤会以多种方式干扰健康，比如降低免疫反应，以及降低能保护我们免于日常危害的警觉性[29]。

不论是从好的一面还是坏的一面来说，感受都是文化实践开展和文化工具发展背后的动机。

题外话：回忆过去的感受

关于记忆和感受，特别让我着迷的在于：至少对于我们中的某些人来说，许多过去的美好时刻会在回忆中演变成绝妙的时刻，甚至非凡的时刻。从美好到绝妙，从绝妙到非凡，这种转变是魔法般的和令人愉快的。在回忆时，记忆中的事情被重新分类和重新评级。人们回忆中的事物会变得甜美，细节会变得更生动、更美好。例如，回忆中的视觉和听觉表象会被加强，与之关联的感受在色调上会变得更温暖和更丰富，这些回忆体验是非常美妙的，甚至只要想到回忆被打断就让人觉得痛苦，即使刚刚的体验是非常积极的。

有人或许要问，要怎么解释这种转变呢？有人用年龄来解释，我对此表示怀疑，尽管这个转变会随着年龄而变得更显著（我个人总是以这样的方式体验记忆）。是因为美好体验的实际次数随着年龄增加，从而有更多绝妙的体验可以被回忆吗？似乎不是。顺带说一下，记忆的改良（如果我们可以这样称呼这个过程的话）不是源自对事件的粉饰或跳过细节，相反地，我们所回忆事件的细节甚至可以变得更丰富，成分的各个表象可以逗留更久，而且可以产生更强烈的情绪性反应。归根到底，或许以下说法解释了记忆的改良：因为对回忆的仔细编辑，某些关键表象获得了更长的放映时间，因此能引发更加全面的情绪，情绪又进而转译为更深切的感受。不论如何，有一件事情是肯定的：回忆所伴随的丰富的积极感受并不是被回忆事件的一部分。作为由回忆引发的强烈情绪性反应的结果，感受是新鲜出炉的。**对其本身来说，感受永远不会被记住，因此也不能被回忆。感受只可能在匆忙中或多或少被忠实地再造，从而完成和伴随被回忆起的事情。**

糟糕时刻的记忆既会被存储，也可以被提取。更重要的问题是，它们在多大程度上被允许出现在当前的心智中。糟糕时刻的细节就在那里，而让人难以忍受的痛苦感受必定会从中产生出来。但是，相对于美好记忆会随着时间被更好地重演，不那么美好的记忆或许不会随着时间而被加强。这不是因为我们抑制了糟糕记忆的细节，而是因为我们不大会在糟糕记忆上逗留，因此它们的消极性会被减弱。由此导致的结果是人类在安康方面高度适应性的增长[30]。丹尼尔·卡尼曼（Daniel Kahneman）和阿莫斯·特沃斯基（Amos Tversky）描述的峰终效应（peak-end effect）可能也是一大原因。我们倾向于为过去场景中更有利的方面创造强烈的记忆，并模糊其他方面。记忆是不完美的[31]。

并不是所有人都报告过这种对记忆进行的积极情感的重塑。一些人认为，他们的回忆完全是它们所应该的样子，既不更好也不更糟。我可以预见，悲观主义者会报告一种变糟的回忆。但这些都很难被测量和判断，因为我们的生命过程因人而异，这很大程度上与我们的情感风格有关。

考虑这种现象有什么重要性吗？理由之一是这与对未来的预期有关。人们的愿望以及人们面对未来的方式取决于我们过去是如何生活的，不仅在于客观的、真实可验证的方面，而且在于人们对记忆中的客观数据的体验或重构的方面。回忆受使我们变得独一无二的所有事物的支配。我们许多方面的个性风格与典型的认知和情感样式，即情感方面的个人体验的平衡、文化身份、成就以及运气有关。

我们在文化上如何创造和创造什么，以及我们如何应对文化现象，这些都取决于感受所操纵的那些不完美的记忆弄出的花招。

意识是什么

　　正常情况下，当我们处于清醒和警觉状态时，无须大惊小怪或深思熟虑，在心智中流动的表象的视角是属于我们的。我们自发地把自己当成我们心智体验的主体。我的心智中的材料是我的，而且我也会自动地假定你的心智中的材料是你的。我们每个人都在一个独特的视角（你的视角或我的视角）下领会心智内容。即便我们共同注视同一个场景，我们也会立刻认识到我们有不同的视角。

　　"意识"一词就适用于由上述特征描述的自然但与众不同的心智状态。这种心智状态使其拥有者成为周围世界的私密体验者，同样重要的是，它也能使其拥有者体验自身存在的各个方面。就实用目的而言，只有当一个人的心智处于有意识状态，能以自己的主观视角审视该心智的内容时，这个私有心智所拥有的当前或过去的各种知识才能具体地呈现给它的所有者。这个主观视角对于意识的整个过程非常关键，它容易诱使我们只谈论"主观性"，而忘掉"意识"及其造成的干扰。但我们应该抵制住这个诱惑，因为只有"意识"一词才能表达意识状态的一个额外且重要的成分：整合体验，即将心智内容置于一个更统一的多维度全景中。**总之，主观性和整合**

体验是意识的两种关键成分。

本章旨在阐明主观性和整合体验为什么是文化心智的根本促成因素。如果没有主观性，那么一切都无关紧要；而如果没有某种程度的整合体验，那么创造力所需的反思和洞察力就是不可能出现的[1]。

观察意识

心智的有意识状态有几个重要特征：它是清醒的而不是睡着的，它是警觉和专注的，不是昏昏欲睡、糊涂或散乱的，它指向时间和空间。心智中的表象（声音、视觉、感受，以及任何你能想出来的东西）可以恰当地成形，可以清晰地呈现，并且是可以被检查的。如果你受到"影响心理的分子"（如酒精等）的作用，那么表象就不会如此。在你心智的剧场中，幕布升起，演员上台，他们开始说话和四处走动，灯光照着，声音响起，但最关键的是，在所有这一切的背后有一个观众，那就是你。你没有看见你自己，你只是感知或感受到在戏剧舞台的前面坐着某个你，这个你是观众，坐在某处，面对着舞台上"不可除掉的第四面墙"（indelible fourth wall）。而且恐怕之后还会有更怪异的东西，因为你可能会在观看演出的同时感觉到你的另一个部分正在注视着你。

在这一点上，一些读者可能会担心我掉进各种各样的陷阱，认为这一连串隐喻表明脑中有一个真实的部位可以兼做剧场和心智体验的论坛会场。放心吧，绝对不会发生这样的事情。我不认为在每个人的脑中有一个拥有体验的迷你你或迷你我。脑中小矮人是不存在的，也没有小矮人中的小矮人，没有哲学传说的无穷回归问题。但是，不可否认的是，一切都显得仿佛存在一个剧场或巨大的立体电影屏幕，仿佛有一个作为观众的我或你。如果我们知道这背后存在严格的生物过程，而且我们可以用这些生物过程概略地解释这种现象，那么我们完全可以称这是一种错觉。我们不能全然丢弃它，仿佛错觉是无关紧要的一样。我们的机体，特别是神经系统和与之交互的身体，不需要实际的剧场或观众。正如我们将看到的，它们能用来自身-脑伙伴关系的其他戏法来产生同样的结果[2]。

作为有意识的心智的主体，你还观察到什么呢？或许，你可能观察到你的有意识的心智并不是铁板一块。它是被组合起来的，由各个部分构成。虽然心智中各部分被很好地整合成了整体，某些部分完全依赖于另一些部分，但心智也仍然是有部分的。按照你做出观察的方式，某些部分可能比另一些部分更显著。有意识的心智中最显著且往往主导进程的部分与许多感觉纹理（即视觉、听觉、触觉、味觉和嗅觉）的表象有关。这些表象大多对应于周围世界的物体和事件。它们或多或少地被整合成一组一组的，它们各自的丰富性与你当时正在进行的活动有关。如果你在听音乐，声音表象会成为主导；如果你在吃饭，味觉和嗅觉表象会特别显著。某些表象会形成叙事或叙事的一部分。在正在进行的知觉过程中，可能会点缀和穿插一些当场回忆起来的、从过往中重建的表象，这大概是因为它们与当前的进程有关。它们是关于物体、活动或事件的记忆的一部分，它们要么嵌在旧的叙事中，要么以孤立的事项被存储。你的有意识的心智还包括连接着诸表象的图式和在那些表象上所做的抽象物。按照各自心智类型的不同，人们或多或少可以清晰地感觉到这些图式和抽象物。例如，人们可以模糊地建构物体在空间中运动的二级表象或物体之间的空间关系。

与这部超级的"脑中电影"一起流动的还有符号，并且其中一些符号还进一步组成文字轨迹，从而把物体和活动转译为单词和句子。对大多数普通人来说，文字轨迹主要是听觉的，而且不需要穷举无遗：不是所有的东西都会被转译，我们的心智不会为每段对话或景象备上字幕。这种文字轨迹是按需制作的，它们转译从外部世界而来的表象，当然，正如之前提到的，也转译从内部世界而来的表象。

文字轨迹的出现目前仍然为人类例外论提供了一种无法撼动的辩护。尽管非人类生物一样值得尊敬，但它们不能将其表象转译为语词，即便它们可以完成很多灵巧聪明的事，有些甚至是我们人类也做不来的。

文字轨迹是人类心智的叙事倾向的负责者之一，而对于我们大多数人来说，文字轨迹可能也是叙事的主要组织者。运用非文字的、类似电影的方式，或者言语的方式，我们既可以极为私密地向自己，同时也可以向他人讲述故事。凭借如此多的叙事，我们甚至能上升到新的意义，这是要比故事的那些单独成分还要高的意义。

有意识的心智的其他成分又如何呢？它们最终成了机体自身的表象。其中一组是来自古老的内部世界的表象，这是生理化学和脏器的世界，它们支撑着感受，而感受是带有效价的非常独特的表象。感受是我们有意识的心智的主要贡献者，它源于背景性的内稳态状况和外部世界表象引发的众多情绪性反应。感受提供了感受质这一元素，而感受质是意识问题的传统讨论的一部分。另外，还有来自新的内部世界，即肌肉骨骼框架及其感官门户的世界的表象。来自骨骼框架的表象形成一个身体幻影，而所有其他表象都可以被放置在上面。所有这些相互协调的表象形成过程不只是一段伟大的演出、交响乐或电影，还是史诗级的多媒体表演。

各种心智成分对我们心智生活的主导（即指挥注意）的程度取决于很多因素：年龄、性情、文化、场合和心智类型，正如我们都倾向于或多或少地关注外部世界的各方面或情感世界。

正常情况下，主观性功能的强度会有相应变化，而表象整合的程度也会有相应变化。当我们强烈地沉浸在体验叙事的活动中，甚至重新创造叙事时，主观性功能也许是极为微妙的。它依然存在，随时准备迅速地呈现出它的中心角色。

例如，当我们完全沉浸在电影中的主角正经历的事情中时，我们不一定会想到自己，也不一定会经历将自己的享受与主体联系起来的活动。我们为什么需要分配额外的加工力量给"我"呢？一个参照者"我"的稳定在场就足够了。但是，注意，在某个既定的时刻，如果电影中的一个词或事件与你曾有过的特殊体验产生了联系，并激起了反应（思想、情绪性反应或特定感受），那么你的"主体"就会马上凸显起来，你在体验到电影屏幕上的素材的同时也随即体验到自己的"在场"，这两者在有意识的心智中会变得更突出。当我们能完全掌握获取这些素材所需的时间时，这种情况就更有可能发生——这就是我们阅读小说或非常有趣的非虚构类作品时所发生的情景。我们能够随意调整对事件的获取和对心智的转译，这是在电影体验中不会发生的，除非我们放弃旁观者的立场并且将我们的注意从屏幕上转移开。电影体验会把它的获取节拍强加给我们，如果你想摆脱这种强加，不妨转向文学作品吧。

最后，我要指出，内部世界的表象履行了双重职责。一方面，它们要促成意识的多媒体表演：它们可以作为意识奇景的一部分被观察到。另一方面，这些表象还要促成感受的建构，并由此帮助产生主观性，而意识的这一属性使我们成为最初的观众。这初看起来可能有点儿让人困惑，甚至悖谬，但其实不会。过程是嵌套的。感受提供了主观性所蕴含的感受质这一元素；反过来，主观性允许感受作为意识体验中的特殊对象被关注。表面的悖谬实则突出了这样一个事实：我们无法在不提及感受的情况下讨论意识的生理学，反过来也一样。

主观性：意识首要的和不可或缺的第一个成分

让我们先把有意识的心智的那些最显著的表象（即在很大程度上构成了故事的主要内容的表象）放在一边，而集中关注那些建构了意识的关键因素者的表象：主观性。我之所以能描述我心智中的任何东西，并用通俗的话说它"在我的意识中"，是因为在我心智中的表象会自动地变成"我的表象"，我能以某种程度的努力去注意和审查它们。无须任何帮助，甚至不用费一点事，我就知道这些表象属于我。这个"我"是心智和身体的所有者，而身体是制造心智的场所，这个"我"是我栖居其中的那个生物体的所有者。

当主观性消失，当心智中的表象不再自动被其所有者/主体所认领，意识就无法正常运行。如果我或读者无法以主观视角去把握心智中显现的内容，那么这些内容就会毫无着落地随处飘浮，它们不再属于任何人。谁会知道它们存在呢？意识消失了，这一刻的意义也消失了，存在感也终止了。

有趣的是，主观性这个简单的计谋（或者说所有权的计谋）可以把心智制造表象的努力转变成有意义和有意图的材料，如果主观性缺席了，会使得心智变得几乎毫无价值。显然，如果我们要理解意识是如何形成的，我们必须理解主观性的形成。

当然，主观性是一个过程，而不是一个事物。这个过程依赖于两个关键成分：表象视角的建构以及表象被感受伴随。

为心智表象建立一个视角

当我们"观看"事物时，我们是从视觉的角度体验到了心智中鲜明的视觉内容，更确切地说，是从头上眼睛的角度体验到了它们。心智中的听觉表象也是如此，它们来自你耳朵的视角，而不是来自你斜对角的人的耳朵的视角，也不是来自你眼睛的视角。触觉表象也是一样：它们的视角来自你的手掌、你脸部的皮肤或任何其他直接接触物体的身体部位。可以肯定的一点是，人们是在用自己的鼻子闻气味，是在用自己的味蕾尝味道。我们会发现，这些事实对于理解主观性来说非常关键。

建立主观性的一个主要贡献者是感官门户，负责产生外部世界表象的器官就位于这些门户中。所有感官知觉的早期阶段都依赖于感官门户。眼睛及其相关结构是最好的例子：眼窝在我们身体的脸部占据了一个特殊且有一定界限的区域。两只眼睛在身体的三维地图中有特殊的GPS坐标，而这个身体幻影是由我们的肌肉骨骼框架定义的。观看的过程要远比将光投射在视网膜上复杂得多。"高级"视觉以视网膜为起点，经过几个阶段的信号传递，到达负责处理视觉信号的大脑皮层。但为了"看见"，我们首先要去"观看"。看包括很多动作，这些动作由来自眼睛周围和内部的一组复杂装置执行，而不是由视网膜和视觉皮层执行。每只眼睛都有类似于照相机的快门和光圈，这两者负责控制到达视网膜的入光量。当然，还有类似照相机透镜的晶状体，它能自动调节，以对物体进行聚焦，这是我们拥有的极为原始的自动聚焦特征。最后，两只眼睛以共轭的方式向不同方向运动，上、下、左、右，让我们无须移动头部和身体就能在视觉上扫描和捕捉四周的世界，而不是仅能朝向正前方。所有这些装置的运动也被躯体感觉系统连续地感知，并产生相应的躯体感觉表象。在我们建构一个视觉表象的同时，我们的脑也建构了这些复杂装置的回转运动的表象。以最大可能的自指涉方式，它们通过表象，将脑和身体正在做的事情知会心智，并且将这些运动定位在身体幻影中。身体幻影的表象是微妙的，它属于演出的观众一侧。它们不像我在意识表演中所描述的内容那么鲜明。负责接收"观看"过程所必需的运动和调整信息的脑系统，完全不同于负责接收作为"看见"的基础的视觉表象本身信息的脑区。这个"观看的"机构并不位于视觉皮层中。

现在考虑一下我们正在确认的这样一个不同寻常的情境：构成部分主观性过程的材料与我们建构主观性所把握的显现内容，特别是表象的材料是相同的。尽管两者的材料相同，但它们的来源是不同的。这些特定表象并非对应于主导意识的物体、活动或事件，而是对应于我们身体的一般表象，作为整体，身体的一般表象伴随着产生其他表象的活动。这组新表象部分地揭示了心智中显现内容的制造过程，而且还灵巧而隐默地穿插在这些显现表象中。这组新的表象就产生在拥有那些显现内容的身体中，而那些显现内容就投影在脑这个"多通道屏幕"上，并且意识将使我们拥有和领会它们。这组新表象帮助我们刻画的正是获取其他表象时的身体，但是，除非你密切关注，否则你很难注意到它们。

整个策略完成了对两组表象的复杂拼接：一组是我们在心智中体验到并对我们生活的那一刻至关重要的根本表象；另一组是在建构我们已经谈论过的那些表象时表达我们自身机体状况的表象。我们很少注意后者，尽管它们对主体的建构必不可少。我们通常会节省我们的注意力，只把注意力放在刚完成的那些描述心智根本内容的表象上，如果我们要继续生活，就得处理这些根本内容。这是主观性以及更广泛地来说是意识过程至今还是这样一个未解之谜的原因之一。提线木偶的线要方便被隐藏起来，表演过程中不需要小矮人或神秘的魔法。这整个过程是自然而简单的，我们能做的最佳动作就是对此报以带有敬意的微笑，以及对这个精妙绝伦的过程报以深深的钦佩。

如果流经心智的表象不是来自现场的知觉而是来自回忆，那么会发生什么呢？答案是：同样的解释仍然适用。当回忆起的材料被嵌入心智内容时，它们就会与那一刻正在进行的知觉印象散混在一起，而后者完全是框架化和人格化的，它们提供了个人视角所必需的"落脚点"。

感受：主观性的另一种成分

由肌肉骨骼框架及其感知门户所产生的视角对建立主观性还不够。除了需要感官视角之外，持续有效的感受也是主观性的关键促成因素。充裕的感受产生了一个我们称之为感受性（feelingness）的丰富多彩的背景状态。

我们在前几章讨论了建构感受的过程。现在，我们需要思考感受如何与感官视角相结合以产生主观性。感受是表象的一个自然而丰富的伴随物，而表象恰是意识的显现成分所含有的。感受的丰富性有两个来源。第一个来源是正在发生的生命状态，生命的内稳态水平导致不同程度的安康或不适。自发的内稳态感受的起伏涨落提供了一个始终在场的背景，这种背景差不多是一种纯粹的存在感，练习冥想的人就渴望体验这种纯粹的存在感。第二个来源是多重表象的加工活动，这些表象构成了我们心智中流动的内容，同时它们会产生情绪性反应和相应的感受状态。正如我们在第7章解释过的，后一个过程依赖于我们心智之流中关于物体、活动或观念的表象的特定特征的出现，这些特征会竭力触发情绪性反应并因此产生一种感受。以这种方式产生的众多感受会加入持续的内稳态感受流中，并随之起伏。因此，所有表象都伴随着一定量的感受。

我们可以得出这样的结论：主观性来自视角和感受的组合，视角涉及产生有意识表象的身体位置，以及对自发的和受激发的感受的永不止息的建构，而感受由根本的表象触发，并伴随着它们。当表象被恰当地置于生物体的视角中并被感受适宜地伴随时，心智体验就会随之而来。下面我们会看到，当这种心智体验被恰当地整合到更宽的全景中时，完全意义上的意识就会发生。

构成意识的心智体验依赖于心智表象的在场和主观性过程，而正是主观性过程使表象成为我们的表象。主观性需要一个针对表象形成的视角立场和伴随表象加工活动的无处不在的感受性，两者都直接来自身体本身。它们来自神经系统中永不停息的感觉以及形成有关物体和事件的映射的倾向，这些物体和事件不仅包括生物体外部的，也包括生物体内部的[3]。

整合体验：意识的第二个成分

我们能否用主观性的精妙过程，连同它的视角和感受成分，以我们在本章开头描述的那种方式来解释意识？答案是否定的。我之前写过参与多媒体演出的体验，在此演出中，其中的你或我是观众，有时我们甚至可以出席我们自己正在参与的那场演出。主观性不管多么精妙，也是不够的。为了让意识出现，我们还需要另一种成分过程，即将表象和相应的主观性整合到更宽场景中的过程。

完全意义上的意识是一种心智的特殊状态，在这种状态中，心智表象被主观性所浸透，并在一个更宽广的整合展示中被体验[4]。

主观性和表象的整合是在哪里实现的呢？相关的过程是否发生在脑的某个地方、某个区域或某个子系统中呢？对我来说，答案是否定的。正如前几章讲到的，在其所有的复杂性中，心智诞生于内稳态命令指挥下的神经系统与相应身体的联合活动，而内稳态在每个细胞、组织、器官、系统及其在每个生物体的全局表达中都有显现。意识来自与生命有关的交互联结，更不用说，意识还与形成生物体基质的化学和物理世界有关，而我们的机体就存在于这个物理化学世界中。

一方面，脑中没有任何特殊的区域或系统能满足意识的所有要求，即主观性的视角和感受这两种成分以及体验的整合。研究者一直试图在脑中找到一个负责意识的区域，但这一努力至今没有成功，我们对此不应该感到惊讶[5]。另一方面，要确定我们早先概述的那个过程的关键因素（视角、感受和体验整合）所明确对应的若干脑区和系统也是不可能的。这些脑区和系统是作为一个整体参与意识过程的，它们有序地进入和离开这个装配线。同样，那些脑区的活动无法单独完成意识过程，它们必须与身体本身紧密合作才行。

因此，**我的假设是：这些促成因素是在不同区域产生的，并被整合到相继的、平行的甚至叠加的进程中。**在通常情况下，对一个由视觉和听觉主导的场景来说，它的主观性会需要视觉系统和听觉系统的多重位置的活动，既包括在脑干结构中，也包括在大脑皮层中。从记忆中唤起的相关表象会散布在场景的主表象群中。由表象流引起的感受所涉及的活动则来自上脑干、下丘脑、杏仁核、基底前脑的神经核团，以及脑岛和扣带皮层，而这些活动又始终与身体的各个部分交互作用。至于与感官门户/肌肉骨骼框架相关的神经活动，则发生在脑干顶盖（上丘和下丘）、躯体感觉皮层和前额眼动区中。最终，所有这些活动的协调过程部分地发生在内侧皮层区，特别是后内侧皮层，它受到丘脑核团的支持。

与体验整合相关的过程则需要类似叙事的表象排序，以及那些表象与主观性过程的协调。这由分布在大范围网络中的两侧大脑半球的联合皮层完成，其中的默认模式网络是最著名的。大范围网络通过相当长的双向通道尽量将不相邻的脑区连接起来。

简言之，脑的各部分与身体本身紧密地相互作用，它们形成表象，为那些表象产生感受，并且使表象和感受共同以视角映射为参照，由此实现了主观性的两种成分。脑的其他部分调控着表象的相继凸显。每次凸显都出现在其感觉来源处，由此促成了一个沿时间而非空间移动的诸多表象的宽广展现。表象无须在脑中到处移动。它们凭借局部的、相继的凸出显示来进入主观性和整合中。脑在每个时间单位中都能加工或多或少的表象和叙事，而那决定了每个时刻的整合范围的大小。分离的各个脑区以及协助这些脑区的众多身体部位，被实际的神经通道连接在一起，我们可以在神经解剖学结构和系统中找到它们的踪迹。不过，我们在本章一开始所讨论的那种全景式整合体验即主体（你、我）所观看的剧场或电影演出，不是位于一个单一的脑结构中，而是位于逐次被激活的相继出现的一定数量的帧列中，就像构成一部现实电影的多重相继的帧列。但是要注意，我之前使用"脑中电影"这个隐喻时，只是考虑了叙事中的简单表象的形成和排序，那时我还没有考虑表象被主观性浸透的更复杂过程，也没有考虑将整合范围扩大到一个更宽阔的多维背景中，在这里，空间依赖于时间。

因此，在这个假设的图景中，这个过程的地位较高的层次完全依赖于各个局部的神经系统，依赖于连接各系统的通道，以及各系统与身体的交互作用。整个过程在时间中展开，但是其精致的促成因素牢牢地根植在那些特定的、局部化的生物体的运行中。如果没有对周围神经系统和中枢神经系统进行直接化学作用的机体周围的贡献，这个过程是不可设想的。这个过程需要一大堆脑干神经核团和其他端脑神经核团，需要所有演化时期的大脑皮层，包括旧皮层和新皮层。在意识的形成过程中，给予某个神经部位超过其他部位的特殊地位是愚蠢的，而且这样做还会忽视身体本身的存在，而神经系统原本可是负责服务于身体的[6]。

从感觉活动到意识

广义地说，意识广泛存在于许多生物体中，这种观点有它的优点。当然，问题在于其他物种所展现的意识的"种类"和数量。毫无疑问，细菌和原生动物能感觉和回应其环境的情况，比如草履虫。植物也能通过缓慢的根系生长或转动叶子或花朵来回应温度、水分和日照量。所有这些生物体都能持续地感觉其他在场的生物体或环境。但我不想在"意识"一词的传统意义上称它们是有意识的，因为"意识"一词的传统意义与心智和感受的观念紧密关联在一起，并且我总是将心智和感受与神经系统的出现联系在一起[7]。上面提到的那些生物体没有神经系统，也没有迹象表明它们有心智状态。简言之，心智状态和心智是传统意义上的有意识体验存在的基础条件。只有当心智获得一个视角，也就是一个主观视角时，意识本身才可能开始出现。

意识的开端就需要这么多东西。正如我们所看到的，意识最终的形成需要很高的条件，它是一种融入主观性的复杂、整合和多感觉的体验。这些体验既涉及主体之外正在发生的世界，也涉及往昔的世界，即从记忆中召集而来的主体的过往体验。它们还涉及主体当前身体状态的世界，正如我之前指出的，这个世界是主观性过程的稳定之锚，因此它显而易见是意识的一个关键元素。

事实上，植物和单细胞生物的感觉和应激性与心智状态和意识之间存在一段漫长的生理和演化上的距离，但这并不意味着感觉活动与心智状态和意识无关。相反，有神经系统的生物的心智状态和意识依赖于简单的前神经生物中就有的策略和机制。在演化上，这些策略和机制开始出现在神经束、神经节和中枢神经系统的神经核团里。最终，它们出现在真正意义上的脑中。

在细胞的感觉现象（即作为这种自然过程的基本层次）与完全意义上的

心智状态之间，还存在一个关键的中间层次，即感受，它是由最根本的心智状态构成的。感受是核心的心智状态，可能还是唯一核心的心智状态。这些核心的心智状态对应于特定的、根本的内容：意识所在的那个身体的内部状态。而且因为感受与内部生命状态的各种特性有关，因此感受必然是有效价的，也就是说，感受可以是好的或坏的、正向的或负向的、有欲求的或厌恶的、快乐的或痛苦的、令人愉悦的或令人不快的。

当描述当前生命内部状态的感受被"置于"甚至被"定位"到整个机体的当前视角中，主观性就诞生了。从此，我们周围的事件、我们参与的事件、我们回想起来的记忆就具有了一种新的可能性：它们确实对我们至关重要，它们能影响我们的生活过程。人类的文化发明需要这一步，需要那些事件成为至关重要的，需要它们被自动地归类为对当事人是有益或无益的。人们所具有的有意识的感受能让他们对发生的状况做出最初诊断，由此激发起人们的想象和推理过程，从而判断一个情境是预示着大问题，还是只不过是一个错误警报。我们需要主观性来驱动创造性智力，而创造性智力负责建构我们的文化成果。

主观性能赋予表象、心智和感受以新的属性：一种拥有感，它与拥有这些现象（即表象、心智和感受）的特定生物体关联在一起，这种"属我性"（mineness）打开了通向个体性的大门。心智体验赋予了心智一种新的影响力，一种对无数生物物种有利的条件。对于人类来说，心智体验是深思熟虑的文化建构中的直接杠杆：疼痛、受苦和愉快的心智体验是人类需求的基础，是人类发明的垫脚石，心智体验与自然选择和基因传递所造就的广泛行为形成了鲜明的对比。生物演化过程与文化演化过程这两组过程之间的鸿沟相当大，它往往让人忽视了这样一个事实，即两者背后的引导性力量都是内稳态。

表象自身不可能被体验到，除非它们包含了与生物体相关的那组特定表象的背景的一部分，因为与生物体相关的表象会自然地讲述这样一出故事，即生物体如何因其感官装置与特定物体相互作用而被扰动。物体来自哪里不重要，它可以在外部世界中，可以在身体本身中，也可以是从记忆中唤起的，而记忆当然是由之前生物体内外事物的表象创造的。主观性是一种不懈建构的叙事。这种叙事来自具备特定脑结构的生物体在与周围世界进行交互作用时所在的环境、生物体过去的记忆和生物体的内部世界[8]。

本质上，意识背后的谜团就是这样形成的。

题外话：意识的复杂问题

哲学家戴维·查默斯（David Chalmers）在探索意识时，分辨出了意识研究的两个问题[9]。实际上，两个问题都与如何理解神经系统的有机物质如何引起意识有关。第一个问题被称为简单问题，它涉及的机制尽管复杂但都是可破解的，例如脑如何建构表象，以及脑如何建构处理表象的工具，比如记忆、语言、推理和决策。查默斯认为，只要给予足够的时间，人的聪明才智就能解决简单问题。我相信他是正确的。在我看来，他很明智地认为形成映射和形成表象没有任何问题。

第二个问题是复杂问题，它指的是要理解我们心智活动中的简单部分是为何以及如何变成有意识的。用查默斯的话说就是，"为什么这些心智功能（即在简单问题之下所描述的那些功能）的表现会被体验所伴随？"所以，复杂问题涉及心智体验以及心智体验如何被建构起来。当我意识到某个知觉印象，例如，在我前面的某个读者，或一幅有形状、色彩和景深的绘画作品的表象，我自动地知道其中的每一个表象都是我的，只属于我，不属于任何他人。正如前面提到的，心智体验的这个方面被称为主观性，但仅仅提到主观性无法让人想到我刚才想要说的那种功能性元素。我指的是心智体验的特性，即感受性，以及感受性在机体的视角框架中的定位。

查默斯还想知道体验为什么要被感受"伴随"。"伴随"感觉信息的感受究竟为什么要存在？

在我提出的解释中，体验本身就部分地来自感受，所以这不完全是一个伴随问题。感受是像我们这样的生物体的内稳态所必需的运作活动的结果，是整体存在的，它与心智的其他方面一样是由相同的织料制成的。遍及早期生物体组织的内稳态命令指引着化学通道和特定活动的程序的选择，从而确保维持生物体的完整性。一旦生物体有了神经系统和表象制造能力，脑和身体就能相互合作，以多维度的方式使那些复杂的、多步骤的维持完整性的程序形成表象，而表象就导致了感受。相对于不同的物体、物体的成分以及不同的情境，感受是化学或行动程序的内稳态优势的心智转译器，感受让心智知道内稳态的当前状态，并因此增加了另一层有价值的调节选项。**感受是一个决定性的优势，大自然不会不选择它，并且将它当作心智过程的持久一致的伴随物。**对查默斯的问题的回答是：心智状态自然地有某种感受，因为带有感受特性的心智状态对生物体是有利的。只有这样，心智状态才能帮助生物体产生最具内稳态相容性的行为。事实上，如果没有感受，像我们人类这样的复杂生物体就无法生存。自然选择确保感受会成为心智状态的永久特征。如果读者想知道生命和神经系统如何产生感受状态的更多细节，可以回顾之前的几章。感受自下而上地来自一系列与身体相关的渐进过程，来自随演化保持和积累下的更简单的化学现象。

感受改变了像我们这样的碳基生物的演化过程。但只有在演化后期，当感受体验被嵌入更广泛的主体视角中，被主体领会并因此对个体至关重要时，感受的全部效果才得以发挥。只有到那时，感受才开始影响想象、推理和创造性智力。只有当孤立的感受体验植入表象所建构的主体中时，感受对想象、推理和创造性智力的影响才会出现。

　　事实上，复杂问题是指，如果心智源自有机组织，那么也许就很难或不可能解释心智体验（实际上，是被感受的心智体验）是如何产生的。而我认为，视角立场和感受的交织为心智体验的产生提供了一个可信的解释。

THE
STRANGE
ORDER
OF
THINGS

Life
Feeling
and
the Making of Cultures

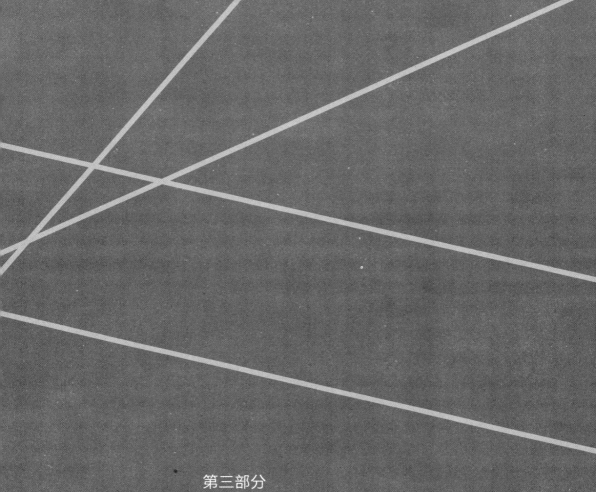

第三部分

文化心智的形成与发展

人类文化的崛起既要归功于有意识的感受，也要归功
于创造性智力。如果早期人类没有负向和正向的感受，
那么高级的文化事业，如艺术、哲学探询、道德体系、
法律和科学将缺乏一个最初的推动者。

THE
STRANGE ORDER
OF
THINGS

10

文化的诞生

行动中的人类文化心智

所有心智能力都介入了人类文化过程，但在最后几章，我会着重强调形成表象、情感和意识的能力，因为如果没有这些能力，那么文化心智是不可想象的。记忆、语言、想象和推理是文化过程中最重要的参与者，但它们都以表象形成为前提。而如果没有情感和意识，那么造就文化实践和文化器物的创造性智力也无法运转。可是让人诧异的是，情感和意识碰巧也是理性主义和认知革命在其分娩阵痛之时回避和忽视的能力。我认为应该给予它们特殊的关注。

19世纪末，达尔文、威廉·詹姆斯、弗洛伊德、埃米尔·杜尔凯姆（Émile Durkheim）等人就已经认识到了生物学在塑造文化事件时的作用[1]。差不多在同一时期，也就是进入20世纪的最初几十年间，包括赫伯特·斯宾塞（Herbert Spencer）和托马斯·马尔萨斯（Thomas Malthus）①在内的

---

① 赫伯特·斯宾塞是英国哲学家、进化论的早期倡导者，活跃于19世纪下旬，1903年便已去世；托马斯·马尔萨斯是著名人口学家，其作品对达尔文本人的思想产生了重要影响，但已于1834年去世。此处疑为原书有误。——编者注。

一些理论家开始援用生物学事实来捍卫达尔文思想在社会中的应用。这通常被称为社会达尔文主义，它导致了优生倡议在欧洲各国和美国发展。之后，在德国第三帝国时期，生物事实遭到严重曲解，为了实现极端的社会文化转化而被应用到人类社会中，由此导致了针对特定人群的可怕的大规模灭绝行为，而这些人群成为被屠杀目标完全是因为他们的种族背景或政治身份、行为身份。因为这种残忍的变态杀戮，导致生物学受到不公正但可理解的谴责。直到几十年后，生物学与文化之间的关系才成为一个可接受的学术主题[2]。

自20世纪70年代以来，社会生物学及其孵化出的演化心理学为文化心智的生物学研究和与文化特征相关的生物传播提供了充分的理由[3]。后者聚焦于文化与基因复制过程之间的关系。但事实上这些努力都没有关注感受世界与理性世界之间无尽的相互影响，也没有关注文化观念、物体和实践所陷入的感受与理性之间不可避免的和解与矛盾（尽管演化心理学考虑了情感世界的行动成分，比如情绪）。这些努力也没有关注我在本书中所强调的主题：文化心智应对人类戏剧和发掘人类可能性的方式，以及文化选择完成文化心智的工作和补充基因传播成就的方式。我并非偏好情感和人类戏剧，也不是不理会文化过程中的其他参与者。我专注于情感，特别是感受，只是希望这些努力能将情感更清晰地纳入文化的生物学说明中。为了实现这个目标，我必须坚持内稳态以及它的有意识代表，即感受在文化过程中的作用。**尽管历史上有很多从生物学角度说明文化的尝试，但是即使在生命管理这一常规和有限的意义上，内稳态的观念也从未出现在对文化的经典说明中。**正如我早先提到的，当从系统的角度看待文化时，塔尔科特·帕森斯确实提到过内稳态，不过在他的说明中，内稳态与感受无关，或者与个体无关[4]。

我们如何把内稳态状态联系到形成具有修正内稳态缺陷能力的文化工具上呢？正如我之前指出的，作为内稳态状态的心智表达的感受能提供这个联系的桥梁。感受以心智的方式表征了当前内稳态的一种显著状态，并产生了强烈的扰动，因此，感受能作为激励创造性智力的动机，而创造性智力是文化实践或工具的实际建构链条中的重要一环。

内稳态和文化的生物根源

我在第1章提到，比人类更简单的生物体的行为预示了人类文化反应的几个重要方面。这些生物体之所以表现出惊人高效的社会行为，不是因为它们有强大而让人敬畏的智力，也不是因为它们有类似人类的感受，相反，这来自生命过程在应对内稳态命令时表现出的自然而非凡的方式，尽管此时内稳态没有自知力，但它仍然能支持生物体表现出优越的个体和社会行为。在我对人类文化心智的生物根源所提的构想中，我认为，不管是在简单的还是在包括人类这样复杂的生物体中，内稳态始终是确保生命持续和兴旺的行为策略和手段的根源。在早期生物体中，内稳态在没有心智过程参与的情况下产生了感受和主观视角的早期形式。当然，那时既没有感受也没有主观性，有的只是在神经系统和心智出现之前帮助调节生命的必要和充分的生物机制。

所有这些机制都依赖于自然选择出来的（内分泌和免疫系统的早期形式中的）化学分子和自然选择出来的行动程序。其中许多行动程序仍完好地保存至今，而这就是我们所称的易激行为（emotive behaviors）。

在之后的生物体中，随着神经系统的出现，心智成为可能，并且在心智中与所有表征了外部世界及其与生物体关系的表象相伴的感受也成为可能。这类表象得到了主观性、记忆、推理并最终得到了语言、文字和创造性智力的支持。随后，构成传统意义上的文化和文明的工具和实践也出现了。

内稳态实现了个体的生存和兴旺，并帮助个体创造了生存和繁殖的条件[5]。最初，生物体在处理这些目标时并未诉诸神经系统和心智，但之后它们开始广泛借助心智和慎思的方式，在诸多可用的选择中演化挑选出最适宜的策略，并且作为结果，由基因一代代地保存下来。在简单的生物体中，选择从自主的自组织过程所自然地产生的各种选项中做出；在复杂生物体中，选择开始成为文化性的。也就是说，生物体是在其主观指导的选项中做出选择的。尽管复杂水平各有不同，但那个未言明的内稳态的基本目标是一样的，即维持生物体的存在、兴旺和潜在的繁殖。这就是以不同方式展现出"社会文化"特征的实践和工具在演化早期不止一次出现的根本原因。

在诸如细菌的单细胞生物中，我们发现，它们未经任何慎思而表现出的丰富的社会行为反映出了它们对其他生物体的行为是否有利于群体或个体生存所做的内隐判断。它们表现得"好像"在做判断。这是不借助"文化心智"而实现的一种早期"文化"。这是那个概要方案的一个早期表现，一旦心智能够全面思考类似本质的问题，智慧和明晰的理性就会使用和采纳那个方案。

在具有精细神经系统的多细胞的社会性昆虫中，"文化"行为的复杂性更高。它们的行为更复杂，还能制造某些"工具"，比如建造"建筑群"。许多物种会制造文化器物，比如精致的巢穴和简单的工具。当然，重要的区别在于，非人类物种的文化表现通常来自已经建立完善的程序，这些程序很大程度上是定型的，并且只有在环境恰当时才被调用。这些程序是自然选择在内稳态的控制下历经亿万年才形成的，并通过基因传递给后代。在无脑、无细胞核的细菌中，程序调用的指挥中心位于细胞的细胞质中；而在诸如昆虫的多细胞后生动物中，由基因组塑造的指挥中心位于神经系统中。

当人们思考演化及其分支时，他们可以在"前心智"生物与后心智生物之间看到一些临界情况。在某种程度上，那些临界情况对应着"前文化的"行为与"真正文化的"行为和心智之间的区别。在"前文化的"纯粹的基因演化与

"真正文化的"混合的但主要是文化的演化之间存在有趣的对应。

与众不同的人类文化

我们为人类文化心智及其文化所勾勒的形象在很多方面是不同的。尽管调控的命令是相同的，都是内稳态，但在达成结果的道路上却存在更多步骤。首先，通过利用从细菌生命开始就有的简单社会反应——竞争、合作、简单易感性（emotivity）、集体建造诸如生物膜这样的防御工具，人类之前生物谱系中的很多物种早就演化出了一组中间机制，这组中间机制能产生复杂的、原内稳态的易感性反应，而这些易感性反应多半也是社会性反应。那些机制的关键成分就包含在我于第7章描述过的情感结构中。这些情感结构负责调用驱力和动机，并对各种刺激和场景做出易感性反应。

其次，中间机制能产生复杂的易感性反应及随后的心智体验（也就是感受）。利用这个事实，内稳态现在可以显而易见地开展活动了。感受变成新反应形式的动机，这些新反应形式是由人类迥然不同的丰富的创造性智力和运动能力带来的。这些新反应形式能控制生理参数，并实现对内稳态来说至关重要的正能量平衡。新反应形式还有另一方面的创新性。人类文化的观念、实践和工具能以文化的方式进行传递，并且对文化选择是开放的。基因只能让生物体在特定情况下以特定方式做出反应。不过，除了基因这种方式，文化产物有自己的前进鼓点，由内稳态及其所决定的价值指引，而且文化产物会因其"优点"的不同而传续或灭绝。这种创新将我们带到感受与文化之间又一个同样重要的特征上来：感受还是文化过程的仲裁者。

作为仲裁者和谈判者的感受

生命调节的自然过程指引着生物体的前进方向，这样生物体就能保持在合乎其生存和兴旺的生理参数范围内。这个不屈不挠的生命维持过程需要在个体细胞以及整个生物机体中有一个精确且艰巨的调节过程。在复杂生物体的生命调节过程中,感受在两个层面上发挥着关键作用。第一,正如我们看到的,当生物体被迫处在安康范围之外时,它们就会陷入疾病并可能死亡。当这种情况发生时,感受就成为一种有力的扰动,它会促使思维过程设法谋求一个理想的内稳态范围。第二,除了产生关切、激发思维和行动之外,感受还充当反应质量的仲裁者。最终,感受会作为文化创造过程的"法官"。这是因为就好的一方面来说,文化发明的"优点"可以通过感受这个界面而分为有效或无效的。当疼痛感受激发了一个消除疼痛的解决方案时,疼痛的减轻是由(疼痛减弱的)感受来指示的,这是决定努力是否有效的关键信号。感受与理性彼此相拥,它们是不可分离的、循环的和互为借鉴的。这种相拥可能会偏爱感受和理性中的某一方,但它总是涉及两者。

　　总之,作为当前能力一部分的各种类型的文化反应会成功地矫正失调的内稳态,并使生物体恢复到先前的内稳态范围。我们可以合理地认为,这些类型的文化反应之所以能传承下来,是因为它们完成了有用的功能目标,并因此被文化演化所选择。奇妙的是,有用的功能目标还能增强某些个体的力量,甚至增强针对其他群体的力量。技术就是这种可能性的很好反映,看看导航专业知识、贸易技能、会计、印刷,以及现在的数字媒体就知道了。不可否认,这些增强的能力对掌握它们的人来说是一种优势,但激起这些力量的是让人感受强烈的抱负欲和与之相伴的情感奖赏。认为构想文化工具和实践是为了情感管理乃至矫正内稳态,这似乎是一个合理的想法。毫无疑问,对成功的工具和实践做出的文化选择会对基因的频率产生后续影响。

评估一个观念的"优点"

　　文化心智的动作观念如何与人类文化的实际表现相符合呢？我们很容易举出一些早期技术的事例，毫无疑问它们蕴含着一些最初的文化表现。制造与狩猎、防御、攻击相关的工具，建造庇护所以及织造衣物是一些人借助智力发明来回应基本需求的范例。人们最初是通过自发的内稳态感受（比如饥饿、口渴、极端的冷或热、不适和疼痛，这些感受与个体生命状态的管理有关，它能指示出内稳态的缺陷）而了解这些需求的。生命有各种各样的需求，比如对食物的需求、寻找能快速产生能量的肉类食物的需求、为抵御极端气候和为婴幼儿创建安全港湾而建造庇护所的需求、保卫自己和群体免受野兽和敌人入侵的需求，而所有这些需求都要通过不同的感受（例如，与母婴依恋有关的感受、与恐惧有关的感受）来指示。接着，这些感受又会受到知识、理性、想象，即创造性智力的作用。同样，从创伤、骨折到感染等疾病状态也会首先被内稳态的感受甄别出来，并促使人们接受新技术的治疗，这些新技术会变得越来越有效，随着时间的推移，就演变为众所周知的医学。

　　大多数被激感受源自情绪，这些情绪不仅涉及孤立的个体，而且涉及群体中的个体。损失会导致悲伤和绝望，悲伤和绝望会引起他人的共情和怜悯，共情和怜悯又会激发创造性想象来回击悲伤和绝望。结果可以是简单的，比如做出同情的姿态，通过身体接触来提供保护；也可以是复杂的，比如唱一首歌或吟一首诗。内稳态状况随后会继续展开，进而导致更复杂的感受状态，比如感恩和希冀，随后对那些感受状态做缜密的阐述。在有益的社会性形式与积极情感之间存在紧密的联系，并且这两者与一组负责调节压力和炎症的化学分子（如内源性阿片肽）存在同样紧密的联系。

　　如果脱离情感背景，那么我们将不能理解最终演变为医学或主要艺术表现的行为反应是如何起源的。病人、被爱人抛弃的人、受伤的军人、恋爱中的游吟诗人都有丰富的感受，他们的境遇和感受激起了自己和各自情境中的其他参与者的智力反应。有益的社会性是有回报的，并能改善内稳态，而侵略的社会性则导致相反的结果。但有一点要明确的是，今天我不会将艺术仅仅局限于治疗角色。尽管源自艺术作品的乐趣依然与它们的治疗起源相关，但艺术可以升华到新的智力领域，与复杂的理念和意义相结合。我也不认为，所有文化反应都是一些必然能对原初困境给出有效解答的明智和有条理的成就。

从积极的方面来看，其他易感性反应和文化反应的例子包括：渴望减轻他人的痛苦，乐于发现减轻痛苦的手段，乐于发现改善他人生活的方法（从提供物资到让人愉悦的有趣发明），乐于思考自然奥秘和尝试解答奥秘。这就是众多文化观念、工具、实践和机构在小群体里诞生的可能方式。随着时间的流逝，它们逐渐演变为智慧书籍、典范小说、教育机构、原则声明，甚至法律法规。

从消极的方面来看，对他人的暴力和来自他人的暴力扮演了一个无节制的角色。暴力的首要原因是情绪神经装置的参与，这个装置大概在类人猿身上达到了顶峰，而它的阴影继续笼罩着人类。

暴力多数来自雄性，而饥饿或争夺领地的族群战争也无法为它的合理性正名。暴力不仅针对其他成年雄性，也会针对雌性和幼崽。人类继承了暴力行为模式的潜力，以致暴力在漫长的人类历史中随处可见，生物演化至今也未能成功地根除潜在的暴力[6]。由于人类的创造性，文化演化实际上还扩展了暴力表达的范围。佛罗伦萨古典足球、英式橄榄球和足球就是这样的例子。如同罗马角斗场的继承者，身体暴力仍出现在一些竞技体育运动中，在电影、电视和网络中，各种形式的娱乐仍一再上演着暴力。身体暴力还大量出现在现代战争的外科手术式的打击、恐怖行为和其他方面。至于非身体的心理暴力，则表现为无约束力量的滥用，典型的事例就是利用现代科技侵犯隐私。

文化的任务之一就是驯服这种经常出现的、作为人类起源的残存物但依然活跃的兽性。著名法学家塞缪尔·冯·普芬道夫（Samuel von Pufendorf）对"文化"的定义是这样的："文化是人类克服原始和野蛮的手段，通过文化的机巧，人类变成了完全的人[7]。"普芬道夫没有提到内稳态，但我对他的话的理解是：野蛮会导致紊乱、失衡的内稳态。**文化和文明的目的在于减少痛苦，并通过重置和约束受影响的生物体的生命航向而恢复内稳态。**

今天，大量的文化工具和实践是对不满和侵权的反应，它们不仅表现在对特定困境和境遇的真实描述上，还表现为强烈和煽动性的情绪，比如愤怒、反叛以及随之出现的感受状态。这里我们可以发现，情感和理性是社会运动的两种成分。在血腥的斗争中击溃敌人后，人们还会把颂词和诗歌作为庆祝形式，这是那个过程背后的历史的一部分。

从道德到政治治理

早期医学还没有准备好如何对待人类心灵的创伤，但我们可以确信的是，道德体系、法律制裁和政治治理的目标很大程度上是让那些心灵创伤得以恢复。许多人类心灵的创伤是由社会空间中的公共事件造成的[8]。

不同的人对损失和由暴力引起的悲伤的反应各不相同，这具体取决于主体，可以是同情、怜悯，也可以是愤怒和更多的暴力。但无论如何，这些公共事件引起的创伤都会给人带来痛苦的感受。人们之所以有各种反应，是因为觉得损失和悲伤带来了痛苦。

冰冷的理性也会使用作为前哨的感受来促进自己对主体的影响。由于不断地遭受由偷窃、说谎、背叛和纪律松懈带来的痛苦，人们不得不想方设法规定出各种行为准则，并通过践行这些准则来减少痛苦。

道德体系、法律制裁和政治治理的发展起源于早期人类部落中那些旨在追求平等的规制，之后在青铜时代各个王朝复杂的行政管理规则中继续发展。值得注意的是，在过去二十来年，学界开始对与道德相关的神经和认知现象展开研究，并将这些现象与感受和情绪联系起来。我们的研究团队做过此类研究，乔纳森·海特（Jonathan Haidt）、乔舒亚·格林（Joshua Greene）和利安妮·扬（Lianne Young）也做过这类研究。马克·约翰逊（Mark Johnson）和玛莎·努斯鲍姆（Martha Nussbaum）还特别从道德哲学的观点出发对这些发现展开了讨论[9]。

艺术、哲学探询和科学

艺术、哲学探询和科学利用了特别广泛的感受和内稳态状态。当想象艺术的诞生时，我们怎么可能不同时构想个体为解决由感受（可以是艺术家本人的感受，也可以是他人的感受）提出的问题所付出的推理呢？至少我是这样构想音乐、舞蹈、绘画、诗歌、戏剧和电影的发展的。所有这些艺术形式都与强烈的社会性有关，因为激励性的感受通常来自群体，而艺术的影响也超越了个人。除了满足最初参与者的个人情感的需求外，艺术很多时候对社会的结构和凝聚力也有重大影响，比如在战争动员中。

音乐是感受的有力诱发者，人类往往会被一些能产生有益情感状态的特定乐器的声音、模式、音调和乐章所吸引[10]。音乐能为多种场合和目的提供感受，而这些感受能有效地消除我们自己或他人的痛苦并提供慰藉。由音乐产生的感受既可以用作诱惑，也可以用作纯粹的娱乐和个人满足。人类差不多在5万年前就造出了五孔长笛。如果制造长笛不能带来任何益处，那么他们为什么还要不厌其烦地做这件事情呢？他们为什么要殚精竭虑地去完善这些新式乐器，在一次次效果测试后否决一些方案而采纳另一些方案呢？在音乐形成的早期，人们发现某类乐器声或人声能产生预料中的令人愉快或不愉快的感受。换句话说，人们发现由风声（人的或笛子的）产生的易感性反应和随后的感受是舒心的或魅人的，而棍棒和石头摩擦所产生的糙砺声音则让人不适。此外，当各种声音叠加到一起时，能延长人的愉悦，并产生其他层次的效果。例如，以恰当的声音顺序模仿生活中的物体和事件，可以作为一种讲故事的方式。

与声音相关的特定易感性可以与颜色、形状或物体表面质地的易感性相比。这些刺激的物理性质构成了一种象征信号，从而标识出那些通常表现出这些物理成分的整个物体或好或坏的方面。在演化史上，那些物体总是与正向或负向的生命状态，比如危险和危机，或安康和机会，即那些引起快乐和痛苦的状态联系在一起。人类及其生物祖先所居住的这个宇宙中的物体和事件（无论是有生命的还是无生命的）在情感上都不是中立的。相反，因为其结构和活动的影响，任何物体和事件对个体体验者的生命而言，都很自然地要么是有利的要么是不利的。物体和事件会积极地或消极地影响内稳态，并因此产生积极或消极的感受。同样自然的是，物体和事件的各个特征，比如声音、形状、颜色、质地、移动、时间结构等会通过学习过程而与积极或消极的（同整个物体/事件相关的）情绪/感受联系在一起。我想，这就是特定声音的声学特征被描述为"愉快的"或"讨厌的"的原因。作为物体和事件的一部分的声音特征获得了情感意义，这是整个事件对个体而言所具有的情感意义。孤立特征与情感效价之间的系统性纽带持续存在，它独立于引起它的原初关联。这就是我们最终认为大提琴的声音是美丽而温暖的原因：特定声音的声学特征曾经是由一个完全不同的物体导致的愉快体验的一部分。由于同样的原因，我们对小号或小提琴发出的尖锐声音的体验可能就是不太舒服的，甚至觉得它是有点儿可怕的。利用长期建立起来的关联（其中的许多关联在人类出现之前就存在了，而现在则成了人类标准神经装置的一部分），我们能从情感方面对音乐的声音进行分类。当人类建构声音叙事并为声音的组合指定各种规则时，他们就能探索这类关联[11]。

到人类开始制造长笛的时候，他们或许已经在很好地利用最初的乐器，即人类的声音了，而曾经的第二种乐器可能就是胸膛，因为胸膛是一个适合敲击的自然腔体。至于第三种乐器，它可能是一个实际存在的人造空心鼓。

不论是慰藉还是引人入胜，在那些往往涉及两人或群体集会的公共事件的活动中，比如在出生礼、葬礼、丰收仪式、庆祝新理念诞生的仪式、娱乐表演或部落战争的出征仪式中，音乐都贡献了其多方面的内稳态效果，这些内稳态效果早期经常是以多层次的感受开始，而以观念结束[12]。音乐的普遍性和非凡的持久力似乎来自一种神秘能力，即将自身与任何一处爱情和战争中的心境和情景混合在一起，与之相关的可以是单一个体、小团体，也可以是被音乐力量突然结合在一起的大团体。音乐既可以像仆役那样安静地服务于大师，也可以喧闹地服务于重金属乐队。

舞蹈与音乐的关系非常紧密，舞蹈动作可以表达相应的情绪，比如同情、欲望、欲望满足的狂喜、爱的狂喜、侵略的狂喜和战争的狂喜等。

起源于洞穴壁画的视觉艺术具有内稳态的功能，而出现在诗歌、剧院和政治演说中的口述故事的传统也具有内稳态的功能。这些艺术表现通常涉及生命管理，如食物资源和捕猎、群体组织、战争、联盟、

爱情、背叛、嫉妒、猜忌，以及对参与者所面临问题
的暴力解决。绘画和很久之后出现的文本为反思、警
告、游戏和娱乐提供了指示和间歇。它们提供了各种
尝试，以便澄清与现实混淆的冲突。它们帮助分类和
组织知识，还提供了意义。

哲学探询和科学也是从同样的内稳态中发展出来的。哲学和科学试图
回答的问题是由范围广泛的感受促成的。痛苦无疑是最突出的感受，当然
对现实之奥秘的长期困惑所引起的不安和担忧也是如此，比如变幻无常的
气候、洪水、地震、星辰的运动，在植物、动物和人类可观察到的生命周
期以及在很多人身上表现出的善恶兼具的奇怪行为。那些通常会导致战争
的破坏性感受在科学和技术中扮演着重要角色。我们在历史中一再看到，
战争的发动和结束通常取决于科学和技术的成败，因为科学和技术是发展
各种武器的前提。

除了上面提到的感受，还存在其他感受，尤其是那些试图解答宇宙奥秘
所带来的愉快感受，以及对解答将带来的奖赏的期待。正是相同种类的问题
和相同种类的内稳态需要导致不同时期和地点的人们为应对他们的困境而形
成科学的解释。我们人类最终的目的是缓解痛苦，减少内稳态的需要。至于
反应的形式和效率则是另外的议题。

哲学探询和科学观察所带来的内稳态的益处是无穷的。医学的益处是显
而易见的，我们的世界长久以来也依赖于物理和化学所促成的技术发展。这
些技术包括火的使用、轮子的发明、文字的发明，以及区别于记忆的书写记
录的出现。这也适用于后来与现代性有关的变革，包括有关帝国和国家治理
的各种观念（无论好还是坏），比如贯穿在启蒙运动以及更一般的现代性中
的观念。

虽然大部分的文化成就要归于人类为应对不同困境所发明的智力解决方案，但我们也必须注意到，即使是以情感结构为中介的内稳态的自动校正也能产生有利的生理学后果。通过打破孤立将个体聚在一起，简单的社交驱力就能改善和稳定个人的内稳态。哺乳动物之间本能的、前文化的相互梳毛的行为就具有重大的内稳态效果。严格地从情感方面来看，梳毛能带来舒适的感受；从健康方面来看，它能减轻压力，预防蜱虫感染和感染后疾病。

沿着同样的思路，使用同样高度保守的神经和化学机制，由集体文化活动产生的同胞情能诱发出各种反应，它们能减轻压力，产生快乐，改进认知灵活性，而且还在健康方面具有更加普遍的益处[13]。

盘点人类文化和历史的形成

我们可以大胆地认为，我们现在所认为的这些文化其实起源于简单的单细胞生命，它们隐身在内稳态命令指引下的高效的社会行为中。当然，要等几十亿年，当人类诞生并被文化心智，即被同样有力的内稳态命令推动的探索和创造性心智赋予了活力后，文化才赢得其盛名。在早期非心智的先行时期与之后文化心智的繁荣时期之间还有一系列的中间发展步骤，现在回过头来看，这些中间步骤与内稳态的要求是一致的。

第一，心智必须能以表象的形式表征两组不同的数据：一是外在于个体生命的世界，在这个世界中，同是社会结构上一部分的其他部分与个体之间存在明显且广泛的互动；二是个体生命的内部状态，它们通常被体验为感受。这种能力利用了中枢神经系统的一项创新：在神经回路中制造外在于神经回路的物体和事件的映射。这些映射抓住了那些物体和事件的"相似点"。

第二，个体的心智必须为与这两组表征（内部世界的表征和周围世界的表征）相关的整个生物体创造一个心智视角。这个视角是在生物体感知自身和周围世界期间由生物体自身的表象构成的，这些表象以生物体的整体框架为参照。这个视角是主观性的关键要素，而我认为主观性是意识的决定性成分。如果最初没有出现为其自身利益而努力，并最终随着利益圈的扩大而促进群体利益的诸多个体的主观性，那么我们就无法设想以社会的、集体的意向为前提的文化构造。

第三，心智从开始出现到成为我们今天所认可的文化心智之前，还需要丰富自己，还需要增加一些令人印象深刻的新特征。首先是强大的、基于表象的记忆功能，这种功能使我们能够学习、回忆独特的事实和事件，并将它们关联起来。其次是想象、推理和象征的能力，它们可以产生非言语的叙事。再次是将非言语的表象和符号转译为语言编码的能力。后者为文化建构中的一个决定性工具，即言语叙事开辟了道路。字母和语法是言语叙事的"基因"工具，并促成了其发展。最后，文字的发明成为创造性智力的至高无上的成就，从此，配置了感受的智力可以对内稳态的挑战和机遇做出回应。

第四，文化心智还有一个未受赞颂的关键功能，即游戏，这是一种参与到一些看似无用的活动中的欲望。比如摆弄现实的或玩具形式的事物；比如身体运动，如舞蹈或演奏乐器；还比如在心中调动一些真实或虚构的表象。当然，想象是游戏活动的一个紧密伙伴，但想象并没有完全捕捉到游戏的自发性、范围和所及之处。贾亚克·潘克塞普说到游戏的功能时特别喜欢用全大写的"PLAY"。当你想到用无穷的声音、颜色、形状能干什么时，或者想象用乐高玩具或电脑游戏能干什么时，不妨想一下游戏；当你想到词语的意义与声音的无穷可能的组合时，不妨想一下游戏；当你计划做一个实验，或沉思你打算做的事情的不同策略时，不妨想一下游戏。

第五，与他人合作完成一个清晰目标的能力，这种能力在人类社会中尤其发达。合作能力依赖于另一种高度发达的人类能力：联合注意。迈克尔·托马塞洛（Michael Tomasello）对此做过先驱性研究[14]。游戏和合作本身与各自有利于内稳态的活动的成果无关。两者给"游戏者和合作者"的回报是丰富的快乐感受。

第六，文化反应开始于心智表征，但要借助运动才能实现。运动深深地嵌在文化过程中。正是通过发生在生物体内部的与情绪相关的运动，我们才建构起推动文化介入的感受。文化介入通常起源于与情绪相关的运动，如相当显著的手部的运动、发声器官的运动、面部肌肉的运动（这是促成交流的一个关键因素），或整个身体的运动。

第七，只有依赖于另一个内稳态驱动，即基因机构的发展，从生命起源到人类文化发展和文化传递之门开启，这一漫长征途才成为可能。基因结构使细胞内的生命调节定型下来，并使生命延续到下一代。

人类文化的崛起既要归功于有意识的感受，也要归功于创造性智力。如果早期的人类没有负向和正向的感受，那么高级的文化事业，如艺术、哲学探询、道德体系、法律和科学将缺乏一个最初的推动者。如果演变为疼痛的那个背后过程没有被体验到，那么它就仅仅是一种身体状态，一种生物体中类似发条装置的运转模式。而这也同样适用于安康、快乐、恐惧或悲伤。如果要被体验到，那么与疼痛或快乐相关的运转模式就必须转化为感受，也就是说，它们必须获得一张心智面孔，这张心智面孔必须被它出现于其中的生物体所拥有，并由此成为主观的，简言之，成为有意识的。

无法体验的疼痛和快乐的机制，即我说的与疼痛和快乐相关的非意识和非主观的机制，显然是以自动的、不经思考的方式在支持早期生命调节。如果没有主观性，那么拥有这类机制的生物体就不可能考虑疼痛和快乐的机制，也不可能考虑它们的结果，进而不会考查相应的身体状态。

质疑、解释、安慰、调整、发现和发明等活动构成了人类历史的精彩篇章，但这些活动的产生都需要动机。疼痛和苦难的感受本身就可以驱动心智并引发行动，尤其是当它们与快乐和幸福的感受形成对比的时候。当然，前提是心智中存在一些可被驱动的东西，尤其是随着智人的发展，存在一些之前讨论过的扩展的认知和语言能力。从最实用的方面来说，可驱动的东西就是思考不能直接被感知的事物的能力，以及解释和诊断状况的能力，即理解原因和结果的能力。长期以来，解释和诊断究竟有多正确，这并不是关键。显然，它们通常是不准确的。关键是有一个解释，不论正确与否，它都受一个强烈感受的有利驱动，不管这个感受是正向的还是负向的。以此为基础，高度社会化的人类就有可能以个体或集体的方式发明出前所未有的反应。这个可驱动的心智之物不仅涉及我们此时此地感知为现实的东西，而且涉及原本会发生的现实或原本预料中会发生的现实。我这里提到的是回忆中的现实，这个现实可以被想象改变，并在回忆起的各种感官，即视觉、听觉、触觉、嗅觉和味觉的表象流中被处理。这些回忆中的表象可以被分割，被四处移动，并像做游戏那样被重新组合，形成新的排列，处理一些特定的目标，比如构造一种工具、开展一项实践、构想一种解释。所有这些都与一些先于智人的、早期出现的有限的文化表现（例如石器）相一致[15]。

这些可驱动的东西能辨认出"物体、人物、事件或观念"与"痛苦或快乐的开始"之间的关系，它能觉知到痛苦或快乐的直接或不那么直接的先兆，它还能辨别可能甚至极为可能的原因。事件的规模实际上可以相当大，并且具有同样大的重要性。历史上有很多这种先兆的事例，例如，"海上民族"以破坏性战争和恐怖行为击败了公元前12世纪的地中海文明（古埃及文明），而当时的环境或许还包括毁灭性的地震、旱灾以及经济和政治崩溃。但在金色轴心时代（这一时期从公元前6世纪持续到公元前1世纪，雅典哲学和戏剧在这个时期出现了爆发性的发展）之前的数千年，人类就已经发明了各种类型的社会创造物，来作为对他们感受的反应。感受不只局限于那些对损失、疼痛、苦难或可期待的快乐的感受，还包括对社会共同体的渴望的反应，这是一组更大感受的扩展，这组感受始于对后代、附属物和核心家庭的照顾，也始于对能引发崇拜、敬畏和崇高感的物体、人物和景象的趋向。

感受推动的发明包括音乐、舞蹈、视觉艺术等，人类试图借助这些发明来解释和解决日常生活中的种种困惑。人类还创建了复杂的社会机构，从相当简单的部落约定开始，逐渐发展为青铜时代的埃及、美索不达米亚、中国等传奇国家中充满文化组织的生活方式。

感受使智力能够专注于特定目标，能扩大智力的影响范围，能优化智力以产生人类的文化心智。不论好坏，感受以及感受所鼓动的智力能在某种程度上将人类从基因的绝对统治中解放出来，不过，依然让我们处在内稳态命令的专制统治之下。

困日之夜

我们都很熟悉夜晚的魔法，落日变成余晖，夜幕降临，星星和月亮开始点缀星空。在令人着迷的夜间时光，人类会聚在一起，欢谈，畅饮，与孩子和狗一起嬉戏，讨论白天发生的好事或坏事，辩论家庭问题、友情问题或政治问题，计划新一天的活动。我们今天也仍然会在包括冬季在内的任何季节里做这些事情，或者在篝火边，或者在煤气灯下。这很可能是从遥远的过去遗传下来的，或许早期人类复杂的夜间文化生活就是这么开始的，他们在空旷的、布满繁星的天空下，围坐在篝火边上，度过美妙的夜晚。

人类对火的使用还不到一百万年，也许时间更短，而按照罗宾·邓巴

（Robin Dunbar）和约翰·高威特（John Gowlett）的观点，篝火成为一种实践活动已经有几十万年了，大概早于智人出现的时间[16]。对火的控制有什么重要之处呢？火带来了一系列美妙的发展，烹饪可能是其中最卓越的一项。火让烹饪的发明成为可能，由此人类可以快速地吃掉易消化的高营养肉类，而不是一次花几小时缓慢而费力地咀嚼蔬菜，可见火和烹饪增强了人类获取能量的能力。身体和脑由此可以在维持生命所需的蛋白质和动物脂肪的帮助下快速生长，从而让心智变得更敏锐，以便完成支持所有这些食物消耗所需的各种任务。用火烹饪食物有利于人们聚在一起吃饭，形成一个固定的用餐地点，还能减少咀嚼的时间，由此人类能把时间用在其他事务上。在此我们可以发现火的另一个隐蔽的好处，即创造了一种有利于新活动出现的氛围。整个部落可以不只是为了烹饪和饮食而聚在篝火边，而是出于社交的目的。在此之前，黑夜的到来通常会导致人脑分泌褪黑激素，从而促进睡眠。但火光延缓了褪黑激素的分泌，增加了一天的可用时间。一开始，没有人会在傍晚进行捕猎和采摘，而之后的农耕文明开始后，人们也不会在傍晚时耕种。因为火的缘故，一天的时间被延长了。当白天的工作结束，社群里的人还很清醒，他们没打算立马入睡，而是准备着放松和休整。不难想象，当时的人们会在这时谈论白天的麻烦和成功，谈论友情和敌意，谈论工作关系或恋情。不管当时的谈话多么简单，一旦智人开始出现，我们就没有任何理由认为他们的谈话会那么简单。对于想修复白天时破碎的纽带或巩固新建立的人际关系的人来说，还有比这更好的时间吗？对于想训导不守规矩的孩子并教导他们的人来说，还有比这更好的时间吗？我们还可以想一下浩瀚的夜空、繁星、黄昏、闪烁的光、银河、空中的月亮及其盈亏的变化，以及最终会到来的黎明，再想一下他们是多么渴望知道这一切意味着什么。此外，我们也不难想象，他们会在这时唱颂或者跳舞。

波莉·维斯纳（Polly Wiessner）根据她对南部非洲布须曼族的朱侯安西人的研究，令人信服地向我们描述了篝火聚会的场景[17]。她认为，当白天的觅食任务结束，篝火便能让人们有效地利用夜幕初降的时光：人们可以在此时交谈，讲各种各样的故事，大谈特谈流言蜚语，恢复劳碌一天的身体，以及巩固在小群体中的社会角色。

当你舒服地坐在炉火旁时，不妨问一下自己，为什么人们还愿意在现代化的房屋里建造老式的，且通常是无用的壁炉？答案可能是，炉台仍然以丰富的文化形式发挥着其曾经发挥过的作用，炉火产生的潜在的有利氛围仍然会产生一种适当的鼓舞人心的期待感，我们可以说这是一种魔法。

11

医学、延长生命和算法

现代医学

我们不难找到大多数人类文化实践与内稳态的关联，但这些关联都不如医学与内稳态的关联显著。自医学在几千年前正式出现以来，整个医学实践就一直在寻求修复病变的生理过程、器官和系统，它最终与科学和技术形成了紧密的联姻。

当前医疗科技的发展前景恢宏，其目标既有常规的，也有妄想的。在常规目标方面，新近的科技进步带来了各种药理和治疗手段，利用这些手段，人们可以治疗那些已通晓其病理的疾病。传染病的历史就是一个典型。曾经致命的感染现在已经可以通过抗生素或疫苗，或通过两者的结合而得到有效控制。但战争从未止息过，因为新的传染病毒又出现了，或者因为老的病毒由于抗生素的治疗而发生了很大变异，犹如新病毒一样疯狂肆虐。然而，医学也从未放弃开发新的补救措施。自然似乎总有防御和规避的恰当办法，但医疗科学也不缺乏智谋和毅力。例如，当致病的原因是特定昆虫携带和传播的某种危险病毒时，现在医疗科技能够改变昆虫的基因组以阻断昆虫对病毒的携带。这种大胆的、新颖的、刚刚诞生的技术要归功于CRISPR-Cas9这种基因编辑技术的发明，这种技术能成功地在染色体中修饰基因[1]。当然，没有什么能保证被挫败的病毒不会通过变异来应对这种基因阻断，并通过增加自己的毒性来对抗这种新壁垒。事实也是如此。内稳态知道如何玩猫和老鼠的游戏，而我们人类有时也会玩这个游戏。

我们能够通过使用同样的新技术修改人类的基因，以消除特定的遗传病。这是另一项值得赞赏的、有潜在价值的事业。但事情没有这么简单，因为折磨人类的大多数遗传病并不是由单个有问题的基因引起的，而是由若干个甚至很多个基因引起的。基因通常以抱团的方式一起发挥作用，这有点儿类似于不良抵押贷款。要保证一次介入的结果不会产生危险而讨厌的副作用可是一件易说而难做的事情。

一些非常规的医疗目标就更有问题了，比如那些旨在确保有利的智力和生理特征，乃至以延迟和消除死亡为目标的诱导基因修饰的技术。这里，介入的靶子也是人类的受精卵，而介入技术还是我之前提过的那项大胆的新技术。

在实施非常规的医疗目标时，有许多严肃的问题需要考虑。在实践层面上，操作遗传物质存在很大风险，至今这些风险还未被妥当处理。更根本的是，无论是从严格的生物学角度还是从社会结构、政治和经济角度看，操控自然的演化过程对人类的未来存在着无法预见的后果。如果目标是消除产生苦楚的疾病，且不与任何利益关联，那么就有充分的理由进行这种研究。医学的传统禁令是"首先不带来伤害"，如果这条禁令能很好地被遵守，那么我们应该支持基因操控。但如果一开始不存在疾病呢？基于什么理由我们才可以合理地试图通过基因手段而不是通过智力练习来提升一个人的记忆力或智力水准呢？对于诸如眼睛的颜色、皮肤的颜色、五官、身高等身体特征又如何呢？对性别比例的操纵又如何呢？

人们会说，这些属于"整容"领域，而整容手术已经几乎无害地实行了几十年，为大量客户提供了满意的服务。事实上，如果算上文身、穿刺、割礼等，整容已经有几千年的历史了。但我们能将面部拉皮和其他整容方式拿来与针对基因的介入技术相比吗？基因介入的影响甚至可能会超出当事人本身，即可能会遗传给后代。关于这点，未来的父母有权决定其后代的生理和智力构造吗？父母究竟试图要确保什么和避免什么呢？对一个正在发育的人来说，将后天的意志力与天赋或天生的缺陷结合在一起来决定自己的命运，有什么大问题吗？通过克服坏的发育运气，锻炼一个人的有利天赋来塑造个性，这有什么错呢？在我看来，这绝对没有什么问题，虽然我的一个同事在读到这段时抱怨我太过接受自己天生的缺点，比如，我应该长得更高一些，并且他还抱怨我的态度让我成了一个斯德哥尔摩症受害者，这种病症会使人质对绑架犯更友好。我乐于倾听反驳，也乐于改变自己的主张。

此外，人工智能和机器人也有很多重要发展，其中一些发展也完全受制于支配文化演化的内稳态命令。 人工智能从知觉、智力和运动技能等方面对人类认知做了有益补充，这种补充也是由古老的内稳态驱动的，只要想一下阅读用眼镜、双筒望远镜、显微镜、助听器、拐杖和轮椅，或者想一下计算器和词典就可以了。人工器官和假肢也不是新东西，从不好的一面来说，让奥运会运动员和环法自行车赛冠军深陷麻烦的体能增强剂也不是什么新发明。如果不涉及竞争公平性，那么使用有助于加快运动和提升智力表现的策略和设备并无不妥。

人工智能在医疗诊断上的应用是非常有前途的。疾病诊断和对诊断过程进行解释是医学的主要内容，它们依赖于模式识别。机器学习程序是该领域的一个自然工具，并且已经获得了一些可靠和可信赖的结果[2]。

与当前人们考虑接受的一些基因介入技术相比，在这个一般领域的发展很大程度上是有益并有潜在价值的。最有可能实现的是发明假肢增强设备，这些设备不仅可以弥补残疾人丧失的功能，还可以用来增强人类的感知。例如，为盲人植入人工视网膜，开发由自我驱动的心智事件（即运动肢体的意图）控制的假肢。目前，这两项技术已经实现了，且在不远的将来会变得更完善。它们是深入人机混合体世界的两项重要技术。同样有利的应用还包括外骨骼，它可以为截瘫患者或四肢瘫痪患者等意外事故的受害者提供帮助。外骨骼可以说是又一个假肢骨架，可以装在麻痹的四肢上并固定在脊柱上。这些假肢由计算机驱动，而计算机则由外部操作者或患者启动。高级假肢中的控制器可以捕捉与运动意志相关的脑电信号，患者的运动意图实际上操纵着假肢[3]。在创造生物体与人造工程物的混合体方面，我们的进展还是很顺利的，这种混合体就类似科幻小说热衷描写的半机械人。

延长生命

伍迪·艾伦（Woody Allen）曾经开玩笑说他想无限延长生命。摆脱死亡的想法或许终有一天并非只是玩笑。人类现在已经清楚这种可能性是真实存在的，并一直在暗中追求这个目标。为什么不呢？如果确实能无限期地延长生命，我们应该放弃这种选择吗？

务实地说，答案很清楚。如果人们无须面对一个可能有其他计划的至高无上的造物主，如果长久的人生可以是一个好的人生，并且没有长寿者经常罹患的癌症和痴呆等疾病，那么延长生命值得一试。这个计划的魄力及其蕴含的狂妄都令人咋舌。但是，一旦你恢复镇静，并且厌烦再次坠入斯德哥尔摩症的深井，你或许会说："这计划不错，但让我先问几个问题。"这个计划对个人和社会的直接后果和长期后果是什么？何种人性观念预示了人类追求长寿的努力？

就基本的内稳态而言，延长生命是完美的，是生命永恒之梦的实现。内稳态的早期状况促进了正在进行的生命，并不知不觉地推动着生命走向未来。基因结构的诞生成了保障未来生命的未曾筹划的装置的一部分。在未来主义的场景中，延长生命是生命演化进程的终极阶段，这个成就让一切变得更迷人和更值得赞美，因为事实上它是通过人类的创造力达成的。如果人们考虑一下创造力本身是内稳态的结果，那么创造力创造出长久的生命实际上也就很自然了。但可能会有什么消极的方面呢？并非所有的自然事物都一定是好的，对自然事物不加核查也是不明智的。

发现死亡是不可避免的这件事带来的苦恼，是由感受驱动的内稳态最强大的引擎，而无限长久的生命会根除这个引擎。我们不应该为这种引擎的消失而感到担忧吗？我们当然应该担忧。人们可能会认为，作为内稳态过程的支撑引擎，也许我们应该保留疼痛和苦难。但真的需要保留痛苦吗？我们能否想象，一旦我们延长生命的愿望实现了，彻底消除疼痛和苦难还会遥远吗？快乐又如何呢？我们会保留快乐而让地球变成伊甸园吗？还是说，我们也消除了快乐，由此将我们带入僵尸般的世界？有时我很好奇，在这样的世界中，一些长寿的游侠还会介意自己是生还是死吗？

尽管不缺乏值得尊敬的未来主义者或空想者的尝试，但这一点绝对不会很快实现。例如，超人类主义背后的关键想法是，人的心智可以被"下载"到计算机中，从而保证其生命长久[4]。这个方案在目前是不太可能的。这种想法暴露出一种对生命是什么的狭隘理解，而且暴露出超人类主义者根本不理解现实的人是如何建构其心智体验的。超人类主义者实际在下载什么仍然是一个谜。但可以肯定的是，他们下载的不是心智体验，至少不是多数人在解释有意识心智时所拥有的那些心智体验，因为那些心智体验需要之前描述过的装置和机制。本书的一个核心观点就是，心智源于身体与脑的交互，而不是仅仅源于脑。超人类主义者也计划下载身体吗？

我对未来剧情的大胆想象持开放态度，并且我也会为科学幻想的失败感到惋惜，但我实在无法想象超人类主义者的这个观念。代码和算法是计算机科学和人工智能中的两个基础概念，将这两个概念应用于生命系统（这是一个我马上要转向的议题）存在明显的局限，通过表明这一点，我们或许能完美地解释这个问题的本质。

人性的算法解释

20世纪科学界一个意义深远的发展在于这样一个发现：物理结构和观念交流都可以基于使用代码的算法来组装。使用核酸字母表，基因代码能够帮助生物体组装其他生物体的基本部分，并指引它们的发展；同样，文字语言给我们提供了字母表，通过字母表以及通过支配单词排序的语法规则，我们可以组配无限的单词，来命名无限的物体、活动、关系和事件；我们还可以组建句子和故事，来叙述事件的过程或解释观念。在演化的这一点上，自然生物体和交流的组装过程很多方面都依赖于算法和编码，计算过程很多方面以及人工智能和机器学也是如此。但这个事实导致了一个影响广泛的观念的出现，即认为自然生物体能以某种方式还原为算法。

人工智能、生物学甚至神经科学领域都沉迷于这个观念。**人们未经验证就接受了这样的看法：生物体是算法，身体和脑是算法。**人们声称这是所谓奇点的一部分，因为事实上我们能够人工地写算法，将算法与自然中存在的各类事物联系在一起，也就是说，将算法与万物混合起来。按这种说法，奇点不是即将到来，而是已经到来。

尽管这些观念和奇点的说法在技术和科学界多少有些流行，并且成了文化趋势的一部分，但它们在科学上并不合理。对人类来说，这些不合理的想法是无法达成的。

生物体是算法这种观点往小里说带有很强的误导性，严格来说则是错误的。算法是达成一个特定结果所需的公式、配方和步骤。包括人类在内的生物体确实是按照算法建构起来的，并利用算法来运转其基因结构。但生物体本身不是算法，生物体是算法参与的结果，它们展现出的属性可能是由指导它们建构的算法所规定的，也可能不是。最重要的是，生物体是由组织、器官和系统组合起来的，其中的每个构成细胞本身又是由蛋白质、脂类和糖构成的脆弱的生命体。生物体和细胞不是代码串，它们是一些真实可感的物料。

生物体是算法的想法极大地助长了另一个错误的观点，这种观点认为，建构生物体（不管是活的还是人工的）所用的基质是无关紧要的。它暗示，算法所针对的基质是无关紧要的，而且运行算法的背景也无关紧要。在"算法"这个术语的当前用法的背后，似乎隐含了一种生命独立于背景和基质的想法，尽管这个术语本身没有或不该有这种隐含意味。

据算法主义者推测，按照"算法"术语目前的用法，把同样的算法应用到不同的基质和新的背景中将会实现相似的结果。可是这种推测其实没什么根据。基质不是无关紧要的。生命的基质是一类特殊的、有组织的化学过程，它受制于热动力学和内稳态命令。根据人类现有的认识，基质对于解释我们是什么至关重要。为何如此呢？我有3条理由。

第一，感受的现象学表明，人类的感受是生命活动对其丰富的化学和脏器成分进行操作的多维度、交互的成像结果。感受反映了生命活动及其未来生存能力的质量。我们能想象感受源自另外不同的基质吗？这确实是可能的，但是没有理由认为这种可能的感受会与人类的感受相似。我可以想象源自人工基质的某种"近似"感受的东西，前提是这种人工感受能反映该装置的"内稳态"并揭示该装置运行的质量和生存能力。但我没有理由期待这种感受会堪比人类或其他物种的感受，因为它们缺乏感受用来描绘地球上的生物体状态的基质。

我也可以设想存在于银河系某处的不同物种的感受。生命在银河系中繁衍，它们遵循与我们相似的内稳态命令，并能在不同的生理基质上产生类似人类的感受变体。神秘物种对其感受所具有的体验会在形式上类似于人类的感受，但不会完全相同，因为两者的基质并不完全相同。如果你改变感受的基质，你就改变了表象，因此也就改变了感受。

简言之，基质确实是重要的，因为我们所提及的心智过程是对那些基质的心智说明。现象学是重要的。

有大量的证据表明，人类可以开发有智能的人工生物体，这些人工生物体的智能甚至超过人类。但没有证据表明，以有智能为唯一目标而被设计出来的这类人工生物体会仅仅因为它们的智能行为而产生感受。自然的感受是在演化中出现的，而感受之所以能被保留下来，是因为感受为那些足够幸运地拥有它们的生物体做出了生死攸关的贡献。

奇怪的是，纯粹的智能过程使其非常适合算法解释，并且似乎不依赖基质。这也是设计良好的人工智能程序能击败国际象棋冠军、擅长围棋并成功地驾驶汽车的原因。然而，至今没有证据表明，智能过程独自就能构成人类独特本质的基础。相反，智能和感受过程必须在功能上相互联系，从而产生某些类似生物体（特别是人类）的活动。在此，我们有必要回顾一下第二部分讨论过的那个关键区分，即被激发出来的感受与自发感受之间的区分，前者是与情感相关的活动程序，而后者是生物体状态（包括来自情绪的状态）的心智体验。

这一点为什么重要呢？因为道德价值来自有心智的生物体中的化学、脏器和神经过程所运行的奖惩过程。这种奖惩过程的结果恰恰就是快乐和痛苦的感受。我们的文化中一直以艺术、司法和公正治理的形式所颂扬的这些价值是基于感受而得以塑造成形的。一旦我们抽去了痛苦及其反面（也就是快乐和幸福）的生化基质，我们也就瓦解了我们当前道德体系的自然根基。

当然，我们可以按照"道德价值"来建造和运行人工系统。然而，这并不意味着这类装置会包含那些价值所需的根基，并能独立地构造价值。"行动"的存在并不保证这个生物体或装置能"在心智上体验"那些行动。

我上面的话并未暗示生物体基于感受的高级功能是不可捉摸的，或不适合进行科学研究。它们当然可以被研究和理解，并且会继续如此。我也不是为了要在论证中引入神秘之物来反对使用算法概念。但至今所呈现的是另一面，也就是说，对生物体的研究需要考虑生命的基质及其产生过程的复杂性。当我们思忖之前所提到的新时代医学，讨论新时代医学可以借助基因工程和创造人机混合体来延长人类生命的时候，这些区分的含义就不再是无足轻重的了。

第二，"算法"这个术语往往让人联想到可预测性和缺乏弹性，但这两种特性并不适用于人类行为和心智的高阶领域。人类丰富的有意识感受确保人类的创造性智力可以挫败自然算法的执行。我们天性中的善恶天使试图给我们施加各种冲动，而我们对抗这些冲动的自由是有限的，但事实仍然是，我们能够在许多情势下对抗这些善恶的冲动。人类文化史记录了我们借助那些算法不可预测的发明对自然算法做出的抵抗。换句话说，即便我们鲁莽而轻率地宣称人脑是"算法"，人类所做的事情也不是算法，而且人类是无法被完全预测的。

人们可能会认为，背离自然算法反过来是对算法解释保持开放。这是正确的，但关键点依然是，"启动"算法不会创造出所有行为。感受和思维也在相当程度的自由中贡献着它们的一份力量。如果是这样，那么使用"算法"这一术语又有什么优势呢？

第三，关于人性的算法解释事实上蕴含了上面概述的问题，即基质和背景的独立性、缺乏弹性和可预测性，接受这样的解释意味着持有一种还原论者的立场。这种立场常常让一些灵魂善良的人排斥科学和技术，因为他们认为科学和技术贬低了人性，他们哀叹一个时代的消逝，那时哲学充满了美学敏感性并对痛苦和死亡予以人道的回应，这种哲学情怀让人类跃出自身的生物属性。我认为，我们不应该因为一个科学计划包含的人性解释是有问题的，就否认它的优点，或抗拒它。我的观点要简单得多，我创建的这个似乎有损人类尊严的人性解释并不能推进人类的事业，即使我本无意让人类的尊严降低。

那些相信人类正在进入"后人类"历史阶段的人，不会把推进人类事业当作他们的议题，因为在"后人类"时代中，大多数人类个体已经失去对社会的价值。在尤瓦尔·赫拉利（Yuval Harari）所描述的景象中，当人类不再需要战斗（因为它会被网络战取代）并且当人类的工作被自动机械替代后，多数人只会衰亡。历史将属于那些通过长寿而取胜的人，并且这些人将持续获益于这种状况。我用"获益",而非"享受",是因为我猜想他们的感受状态将会是模糊晦暗的[5]。哲学家尼克·波斯特洛姆（Nick Bostrom）对未来有另一番想象。在其想象中,高智能且充满破坏性的机器人会接管这个世界,并结束人类的苦难[6]。无论是赫拉利还是波斯特洛姆,他们都认为未来的生命和心智至少部分地依赖于"电子算法",这种电子算法能人工地模拟当前"生物化学算法"所做的事。此外,这类思想家认为,人类生命本质上与所有其他生命物种的生命可相比较的观点会侵蚀传统人本主义的基础,因为传统人本主义认为,相比于其他物种,人类是卓越的和与众不同的。这就是赫拉利得出的明显结论,而如果是这样,我认为它肯定是错的。尽管人类与其他物种共享了生命过程的许多方面,但人类确实有一些与众不同的特征。苦与乐是人类独有的,因为只有人类才能对过去的回忆和对未来期待的回忆充满感受的共鸣[7]。但也许赫拉利只是想要用他的《未来简史》（*Homo Deus*）的寓言让我们失魂落魄,并且希望在为时已晚之前让我们做点儿什么。如果是这样的话,我同意他这么做,并且我也希望人类能为此做点儿什么。

我斥责这些反乌托邦式的展望还有另一方面的缘由：它们极度苍白和无聊。相比于阿道斯·赫胥黎（Aldous Huxley）在《美丽新世界》（*Brave New World*）[8]中展现的对快乐生活的拥抱,现在所构想的这些反乌托邦的前景是多么衰落啊！这一前景构想的人物类似于路易斯·布努埃尔（Luis Buñuel）在电影《泯灭天使》（*Exterminating Angel*）中描述的角色,他们过着日复一日的沉闷乏味的生活。相较而言,我更喜欢阿尔弗雷德·希区柯克（Alfred Hitchcock）在《西北偏北》（*North by Northwest*）中呈现的危机和才智。加里·格兰特（Cary Grant）应付着每一个挑战,用智谋战胜了大坏蛋詹姆斯·梅森（James Mason）,并赢得了爱娃·玛丽·森特（Eva Marie Saint）的芳心。

服务人类的机器人

人工智能和机器人的世界现在正处于扩张的状态，幸运的是，当前人们致力于创造的大多数东西不是类人机器人，而是能够尽可能出色、经济和更快地完成人类任务的装置。现在的侧重点是智能的行动程序。尽管程序不能产生感受，更别说有意识的体验，但这完全无关紧要[9]。我们感兴趣的是机器人的"感觉"（sense），而不是它的"感性"（sensibility）。

制造能充当我们的方便助手或伴侣的类人机器人的想法是完全合理的。如果人工智能和工程学能实现这点，为什么不这么做呢？如果工程创造物处在人类的监管之下，如果它们无从获得自主性并反对我们，如果我们不设计能摧毁世界的机器人，为什么不这么做呢？当然，我们必须补充一点，一些黑暗的前景与其说涉及未来的机器人，不如说涉及未来的人工智能程序，因为这些人工智能程序确实具有导致广泛毁灭的潜力，并需要小心监管。至今，相较于网络战争这个更大的风险，工程机器人对我们要流氓的风险是很小的。你不要去预想斯坦利·库布里克（Stanley Kubrick）的电影《2001：太空漫游》（*2001: A Space Odyssey*）中的机器人HAL的子孙后代在某一天出现，并接管美国国防部的五角大楼。你更需要担忧的是人类中的恶人。

这些科幻情景现在可能比以往更有影响力，原因之一是智能游戏程序击败了人类象棋和围棋冠军。这些科幻情景不大靠谱的原因之一是，尽管那些人工智能程序表现出来的智能令人惊叹，但还是很符合"人工"二字的，它们与人类实际的心智过程只有有限的相似性。这种人工智能程序有纯粹的认知，但没有情感，这意味着它们"聪明"心智中的智力活动无法沉浸在与先前的、伴随的或预期的感受的相互作用中。**没有感受，机器人或人工智能具有人性的可能性就在很大程度上消失了。**因为正是人类的感受导致了人类的脆弱性，而脆弱性是人类体验个人苦乐和同情他人苦乐的关键，总之，脆弱性是人类形成道德、公正以及人类尊严的根基。

当我们谈论类生命和类人机器人并发现它们没有感受的时候，我们其实是在谈论一个荒谬的、不存在的神话。人类具有生命，也有感受，而机器人两者都没有。

当然，情况可以更微妙。如果我们在一开始建造机器人时，就将定义生命的内稳态条件植入其中，那么我们就能在机器人中建构近似生命的过程。尽管这会大大降低机器人的效率，但不存在无法实现这一点的理由。实现这一点的关键在于设计一个能够自行设法满足某些内置的、类内稳态的调节参数的身体。这种想法可以追溯到机器人学的先驱W. 格雷·沃尔特（W. Grey Walter）[10]。

然而，关于感受的议题仍然很棘手。通常，机器人学家会将假的微笑、哭泣、噘嘴而不是感受，植入类似玩偶的行为中。其结果不过是制造出一些看似有生机的情绪脸谱（emoticons）。事实上，我们谈论的是玩偶而不是机器人，其行动不是由机器人的内部状态激发的，而完全是由设计者编入的。从情绪是行动程序这一层面来说，这些行动或许与情绪有点儿相似，但它们并不是被激发的情绪。不过我们仍然很容易被这类机器人迷住，甚至完全能够与它们建立亲密关系，仿佛它们是有血有肉的生物。在童年早期的成长过程中，人们常常把玩偶和布娃娃想象为具有生命的个体，并在长大后还携带着那些认同的残余。总之，如果环境适当，我们会很容易滑入玩偶的世界。事实上，我从未遇到过一个我不喜欢的机器人，而机器人“似乎”也都喜欢我。

如果机器人的生机不是源自情绪，那么它们就肯定不是源自感受，如我们所知，感受是身体状态的心智体验，更确切地说是主观的心智体验。至此，机器人的问题变得更严重了：要有心智体验，这里的心智得是有意识的。要有意识，要有主观体验，我们就必须具备在第9章描述的主观性的两种成分：对自身机体的个体视角和个体感受。我们能在机器人中实现这些吗？如今我们能部分地实现。我认为，一旦我们严肃认真地对待这个问题，那么实现起来相对容易的一点是，我们可以在机器人中植入视角。而如果要植入感受，那我们得先有一个活的身体。实现这一点的第一步是让机器人具有内稳态特征，但关键问题是，概略的身体幻影和对身体的生理状态的某些模拟，在多大程度上可以充当类感受的基质，更别说是人类感受的基质了。这是一个开放和重要的研究议题，而我们需要研究它。

假定我们能在那个方向上取得进步，我们就可以着手处理感受的可能性，并在感受之后处理类人智能，在这样的情境中，我能看到来自大数据处理的直觉，并有可能深入类人行为，包括可预测的危机、感受到的脆弱性、情感依恋、快乐、低谷、智慧、人类判断的失败和辉煌。

即便没有感受，所谓的类人机器人也不难做到玩各种游戏并胜过人类，或像《2001：太空漫游》中的机器人HAL那样谈吐流畅，或充当有用的人类陪伴者，当然，需要机器人作为人类陪伴者的这种社会前景让人有点儿战栗。当自动驾驶的汽车和卡车夺去人们的生计后，难道没有足够的失业者去做那些工作吗？我可以预见未来的类人机器人能预报天气、操作重型机械，甚至还会转而反对我们。但它们要具有感受能力，还需要花些时间，而直到那时，对人性的模拟也仅仅是模拟而已。

回到长久的生命

在我们等待那些被承诺和被兜售的奇点时，我们不妨认真地处理满世界存在的两个最大的医学问题：药物成瘾和疼痛管理。当人们孜孜不倦地研究这两个问题以期获得令人满意的解决方案时，我们更清楚地看到，感受和内稳态对人类文化的解释是至关重要的。人们可以指责药物行业联盟、大药店和不负责的医师让药物成瘾不断蔓延。他们当然应该被指责。我们可以指责互联网让聪明而有知识的家伙能利用合法处方中的非成瘾成分调制出成瘾药物。但所有的指责都偏离了要点：成瘾与自远古时代就支配基础内稳态过程的化学分子有关，而且与一整套的阿片受体有关。好的、坏的以及不好不坏的感受都与发生在这些受体中的事情有关，而那些感受反过来又反映了在摄入药物之前生命的进展状况。我们的感受所依赖的化学分子和受体既是古老的也是老道的。它们已经存活了上亿年，它们曲折前进，它们的效果是强大的。由于符合它们的本性，它们产生了既有吸引力又专横的感受。药物的效果对使用者的身心健康都有破坏性，这点与内稳态的目标正好相反。而当一些人对将自己下载到计算机里充满忧虑时，这些化学分子和受体正在慢性疼痛患者或药物成瘾者（很多人是两者兼具）的脑和身体中持续地肆虐。

12

人类现在的状况

模棱两可的形势

在一个晴朗的冬晨，我站在加利利海边，我的思绪从远去的罗马帝国的困境转到了当代人类状况的危机。人类当前的危机挺有趣的，因为尽管世界各地的局部状况不同，但它们却激起了相似的反应，其主要特征是愤怒和对抗；危机也是令人沮丧的，因为它根本不应该发生。人们期望至少那些最发达的社会已经接种了第二次世界大战的恐怖和冷战的威胁的疫苗，并且会找到合作的方式，逐渐和平地克服复杂文化面临的所有问题。回顾过去，人们没有什么可自鸣得意的。

当今可能是最适合生活的时代：因为我们浸没在各种令人眼花缭乱的科学发现和技术光辉中，这使得生活呈现出从未有过的舒适和便捷；因为可获得的知识数量和获取知识的容易程度是空前的，并且在整个星球范围内，人类相互联系的程度也是空前的，证据可谓比比皆是，比如旅游、电子通信，以及在科学、艺术和贸易的各种合作中达成的国际协议；因为诊断、管理和治疗疾病的技术持续发展，人的寿命不断延长，2000年后出生的人的平均预期寿命甚至超过一百岁。不久，我们将坐上机器人驾驶的汽车，这不但能节约我们的力气，还能挽救生命，因为也许未来的某一天，致命的交通事故几乎会完全消失。

然而，在说我们的时代是最完美的时代时，也不能漠视还有人类同胞在面对潦倒困顿。人们必须做到不心思散乱，**尽管科学和技术知识是史无前例地多，但公众却很少花时间阅读小说或诗歌，可是阅读依然是进入存在之喜剧和戏剧以及有机会去反思"我们是谁或可能是谁"的最可靠和最值得的方式。**显然，人们不愿在这些不实用的事物上花那么多时间。有些国家的人庆祝着现代科学和技术的进步，并且也最受益于现代的科学和技术，但他们似乎在世俗意义上丧失了灵性。鉴于他们漠然接受了有问题的金融风险（2000年的互联网泡沫、2007年的抵押滥用和2008年的银行倒闭），他们似乎在道德上也破产了。有趣的是，如果我们信任各自的调查数据，那么从我们时代的非凡进步中获益最多的国家，其幸福水平要么是稳定的要么是衰退的[1]。

过去的四五十年中，最发达国家的普通民众几乎不加抗拒地接受了一种对待新闻和公共事务的日渐扭曲的方式，这种方式的目的就是迎合商业电视和广播的娱乐模式。不那么发达的国家也跟着简单地如法炮制。近乎完全公益的媒体向完全逐利的商业模式的转变，进一步降低了新闻信息的质量。尽管一个务实可行的社会必须关心其治理推动公民福祉的方式，但人们每天都应该停下几分钟来努力了解政府和国民的困难和成就，可是现在这种想法不仅成了老古董，而且几乎要绝迹了。我们本该严肃和心怀恭敬地了解这类事务，可是现在这种想法甚至被认为有点儿怪异迂腐。广播和电视把每个治理议题都转变为"故事"，结果人们关心的不过是故事的"形式"和它的娱乐价值，而不是它的真实内容。尼尔·波兹曼（Neil Postman）在其1985年首次出版的《娱乐至死》（*Amusing Ourselves to Death*）一书中对此做了恰如其分的诊断，但他不知道我们会在死前遭受那么多痛苦[2]。使这个问题变得更加严重的还有公共教育开支的消减、可预测的公民准备金的下降，而在美国，使之进一步恶化的事件则是1987年对"1949公平原则"的废除，这个原则要求有资质的公共广播公司要以公平、诚实的方式报道公共事件。这导致人们根本不想对公共事务进行细致的和中立的剖析，并且人们也逐渐不再对事实做冷静的反思和辨别，而由此产生的矛盾又因纸质媒体的衰落以及数字传媒的兴起和一统天下而变得更为尖锐。人们应该小心，不要过分地去拥抱一个从未如是存在的时代。不是每个人都见多识广、具有反思精神和富有辨别力，不是每个人都敬畏真理和具有高尚情操，更别说敬畏生命了。当前这种对公共事务的公共意识的衰落是有问题的。人们按照识字率、教育水平、公民行为、精神志向、言论自由、司法渠道、经济地位、健康和环境安全等对人类社会进行分类，结果完全可以预见，人类社会被分裂成不同的碎片。在这样的情况下，就更难鼓励公众去促进和拥护一些共享的可协商的价值、权利和公民义务了。

一方面，鉴于新媒体的惊人进步，公众其实有机会比以往更详细地了解经济状况、局部和全局治理状况以及他们生活于其中的社会状况背后的事实，这无疑增强了公众的优势。此外，互联网还提供了传统的商业或治理机构之外的审议手段，这也是一种潜在的优势。另一方面，公众大多缺乏时间和方法来把大量的信息转化为明智和实用的结论。此外，分发和汇编信息的媒体公司帮助公众的方式往往是不可靠的：信息流是由公司的算法引导的，这些算法会用偏颇的表达去迎合各种金融、政治和社会利益，更别说用户的口味了，这样，用户就会继续依自己的意见作茧自缚，而不是慎思明辨。

平心而论，我们应该承认，来自过去的智慧之声（新闻、广播和电视节目中练达而又缜密的编辑的声音）在社会应该如何运转的议题上也会偏袒特定的观点。然而，在若干情形中，那些特定观点有着明确的哲学或社会政治的视角，而人们对那些结论可以认可也可以拒斥。今天，公众没有这样的机会了。每个人都通过自己的装有各种应用软件的便携式装置来直接与世界接触，而且社会也鼓励人们最大化各自的自主权。人们似乎不太有动机去分享他人的不同观点，更别说是悦纳它们了。

这个新的通信世界对那些接受了批判性思维训练且对熟悉历史的公民来说是好事，但对那些被诱使认为生活的世界就是娱乐和商业的公民又如何呢？很大程度上，他们所受的教育来自这样一个世界，在这个世界中，负面的情绪挑衅是常规而非例外，对问题的解决主要关注短期利益。我们又该如何指责他们呢？

一种广泛的可能性是，人们可以交流近乎即时发生的、丰富的公共信息和个人信息。表面看来，这是有利的，但矛盾的是，这种状况也减少了人们反思同一些信息所需要的时间。要处理海量的知识通常需要对事实（好的或坏的，可喜的或令人讨厌的）进行快速的分类。这可能会导致一些对社会和政治事件的极端观念的增加。信息泛滥引起的疲惫使人们更愿意接受那些默认的信念和意见，而通常那些默认的信念和意见也正是他们所在的群体持有的。这点还会进一步恶化，因为不管人们如何聪明和见多识广，我们都自然地倾向于抗拒改变自己的信念，即便相反的证据近在咫尺。研究成果表明，抗拒改变与一个涉及情绪性和理性的脑系统的冲突关系有关。例如，抗拒改变与负责产生愤怒的脑系统的参与有关[3]。我们建构了某种自然的庇护所来防御矛盾的信息。全世界普遍存在不满的选民未能在投票站露面的现象，在这样的氛围下，假新闻和后真相（重新包装事实、强化偏见的报道）的传播变得更容易。通信的加速以及由此导致的生活节奏的加快也可能是文明礼貌程度下降的一个因素，因为我们可以看到，人们在公共讨论中越来越缺乏耐心，在城市中生活的人们的行为越来越粗鲁[4]。

还有一个重要但一直未被充分重视的议题是人们对电子媒体（从简单的电子邮件通信到社交网络）的成瘾性。通过各种电子装置，网络成瘾者把对周围世界的直接体验的时间和注意力转移到了间接体验上。这种成瘾加大了信息量与信息处理时间之间的不匹配。

网络和社交媒体的普遍使用使得隐私保护受到严重威胁，每个人的行踪和表达的观点都可能受到监视。此外，各种各样的监视，从必要的服务于公共安全的监视到侵犯个人隐私的完全滥用的监视，如今已经成为现实，政府和私人部门都在不受惩罚的情况下从事着监视活动。监视促成了间谍活动，甚至是对超级大国的间谍活动。间谍活动已经是一个伴随了我们上千年的根深蒂固的人类行为，这个活动听起来既让人感到光荣又显得有些幼稚。很多高科技企业甚至还把监视当作待售的高利润产品。隐私信息的不受限制的获取被用来制造难堪的丑闻，即使丑闻主题并无犯罪性质。这也导致政治候选人只好选择退缩沉默，以免自己和自己的政治竞选活动因个人信息的暴露而被危及。这一点现在成了公共治理中的另一个重要因素。在技术发达地区的一些重要部门中，大大小小的丑闻一直在影响着选举结果，并日益加剧着公众对政治当权派和行业精英的不信任。面对由失业和战争导致的财富不公平和各种紊乱，社会变得越发难以治理。迷失方向的选民带着怀旧情绪或愤怒不断提到那些消逝已久且虚构的美好往昔。但怀旧放错了地方，而愤怒通常又适得其反。上述现象反映了一个对过剩事实的有限理解，这些过剩事实是由不同媒体提供的，提供这些事实的主要目的是为了迎合和促进特定的社会、政治和商业利益，通过这个过程，它们谋取了巨大的经济回报。

现在的普罗大众似乎是历史上最见多识广的，但他们却没有时间或工具去判断和解释信息；企业和政府掌握了大量信息，并且知道有关公众的所有事情。这两方力量之间的张力正在增长。我们现在还不清楚如何解决由此导致的冲突。

此外还存在其他风险。涉及核武器和生化武器的灾难性冲突造成了真正的风险，现在这个风险的程度可能比由冷战时大国控制的武器带来的风险更高；恐怖主义、新出现的网络战争和抗药性感染的风险也是实实在在的。我们可能会将所有这些担忧归咎于现代性、全球化、财富不平等、失业、教育缺失、娱乐过度、多样性以及急剧瘫痪和无处不在的数字通信。但不管是什么原因，无法治理的社会前景都是一样的。

曼纽尔·卡斯特（Manuel Castells）是通信技术领域首屈一指的学者和重要的社会学家，其研究对于理解21世纪的文化冲突非常关键。他的观点缓和了这种黯淡的景象。例如，他认为，通过揭示一些国家中的治理无能和腐败，数字媒体实际上能为健康治理开辟一条深度和充满希望的重塑之路。不过我们目前还没看到好的结果出现。对于卡斯特来说，重新安排与民主相容的人类力量依然是可能的。卡斯特还怀疑曾经有过一个比现在更好的神话时代，在那个时代，媒体、教育、公民行为和治理都比现在的问题要少很多。自由民主国家有一个需要尽快而不是滞后处理的合法性危机。互联网以及更一般的数字通信有一个正面的角色要扮演，比起诅咒，它们会带来更多的祝福[5]。

对人权的广泛认可以及对人权侵犯的日益增长的关注是值得庆祝的。人类的核心特征在世界任何地方几乎都是一样的，且来源于一个共同的祖先，这个观念的种子已经成功地播种在世界各地。人类享有平等的追求幸福和受尊敬的权利，这个观点现在已经受到越来越普遍的接受。第二次世界大战后，联合国颁布的《世界人权宣言》意味着我们到了离实现一种值得拥有，但至今未成文的国际法最近的时候，人权宣言赋予所有人同等的权利。在世界某些地方，对这些权利的侵犯甚至可以作为对人性的犯罪而被诉至国际特别法庭。人对人是有义务的，而也许某一天，人类可能还会对其他物种和生养人类的地球担负义务。这是真正的进步。正如阿玛蒂亚·森（Amartya Sen）、奥诺拉·奥尼尔（Onora O'Neill）、玛莎·努斯鲍姆、彼得·辛格

（Peter Singer）、史蒂芬·平克等人所说的[6]，人类的关怀圈明显变大了。但为什么我们恰恰还会目睹使得这些进步成为可能的那些成就有时会削弱和崩溃呢？为什么在人性的进步中总是会一再出错，而出错的方式与过去有着令人不安的相似呢？生物学能够解释这一点吗？

文化危机背后存在一种生物学原因吗

从生物学角度，我们能对这种形势的意义说点儿什么呢？为什么人类会周期性地摧毁或至少是部分摧毁自己创造的文化成果呢？对此，理解人类文化心智的生物基础尽管不能提供完整的答案，但或许能帮我们应对这个问题。

事实上，从我之前勾勒的生物学视角来看，文化努力的一再失败不足为奇。理由如下。基本内稳态的生理原理和其首要的关注点是生物个体自身范围内的生命过程。在这种情况下，基本内稳态是一件多少有点儿狭隘的事，它专注于人类的主观性设计和建造的庙宇，即自我。不过，经过或多或少的努力，内稳态对自我利益的关心可以扩展到家庭和小群体。在使利益和力量的前景得以很好平衡的环境下，内稳态关心的范围还可以向外进一步扩展到更大群体。但是，正如在每个生物个体中发现的那样，内稳态不会自发地关心很大的群体，尤其是异质的大群体，更别说是作为整体的不同文化或文明了。期待嘈杂、大型的人群中能出现自发的内稳态和谐，这犹如期待太阳从西边升起。

不幸的是，人们往往把"社会""文化"和"文明"看作庞大、单一的生物体。它们在许多方面都被设想成更大尺度上的人类生物个体，一个被存活和兴旺的目的所驱动的整体单元。以隐喻的方式来看，它们当然是这样，但实际上并非如此。社会、文化和文明经常是碎片化的，由并排和分开的

"诸生物体"构成，其中每一个生物体都有参差不齐的边界。自然的内稳态往往只完成与每个独立的文化生物体有关的工作，而不管其余。它们自行其是，如果没有以某种程度的整合和有利环境的利益为目标的、坚定的文明努力所带来的补偿性效果，那么文化生物体似乎也不会联合在一起。

用生物学例子来解释的话，这个区分会显得更清晰。在正常条件下，人体中的循环系统不会与神经系统争抢主导权，心脏与肺部也不会相互决斗来决定谁更重要。但这种和平的约定并不适用于一国内的社会群体之间，也不适用于地缘政治联盟内的国家之间。相反，它们经常相互征战。社群群体之间的冲突-权力斗争是文化的组成部分。有时，冲突甚至可能产生于对先前问题的感情用事的解决方法。

对支配自然生物体个体的内稳态法则的公然挑战是恶性肿瘤和自身免疫性疾病等严峻情况。若不加抑制，它们不仅攻击它们所属的生物体的其他部分，而且实际上会摧毁生物体。

处在不同的地理环境和不同历史时期的人类群体发明了一些极为复杂的文化生命调节方式。种族和文化身份的多样性作为人类的一个基础特征，也是这类多样化的自然结果，并且它往往丰富了所有参与者。**然而，多样性包含着冲突的根源，它加深了群体内或群体外的裂纹，助长了敌意，使一般的治理方案更难实施和达成，在全球化和文化交叉融合的时代，尤其如此。**

解决这一问题的办法不可能是强迫文化同质化，因为同质化在实践中无法实现也不受欢迎。认为只要实现同质化就能使社会更易于治理的观点忽视了一个生物事实：即使在同一族裔组成的群体中，不同个体也会有不同的情感和脾气。某种程度上，这种差别很可能对应了不同治理类型的偏好和不同的道德价值观，我认为乔纳森·海特的研究也蕴含了这点[7]。解决这一问题的唯一合理且有希望的可行办法是借助教育手段努力使人更文明，社会中的人要竭力围绕治理的基础要求进行合作，不管彼此间的差异是大还是小。

只有在情感与理性之间进行大规模和开明的谈判，才能取得成功。但是，如果我们做出过这种非凡的努力，是否就能保证我们一定能取得成功呢？我想答案是否定的。除了难以协调个人利益与小团体和大集团的利益所产生的冲突之外，还有其他不和谐的根源。我指的是每个人内部的冲突，即在积极的、爱的冲动与消极的、异己的和自我毁灭的冲动之间的内在冲突。弗洛伊德认为，每个人心中都有邪恶的死亡欲望，即"死的本能"，并且他怀疑文化能否驯服这种欲望。弗洛伊德在《文明及其不满》（*Civilization and Its Discontents*，1930年出版，1931年修订）中表达了他的理由[8]，但他的观点在他与爱因斯坦的通信中表达得最清晰。1932年，爱因斯坦看到第一次世界大战后人类即将面临新的致命灾难，写信给弗洛伊德征求关于如何预防这种灾难的建议。弗洛伊德在回信中冷静而清晰地描述了人类的境况，并向爱因斯坦哀叹道：鉴于权力场的各种力量，他提供不了好的建议，也没法提供帮助，没有解决方案[9]。我们应该注意到，弗洛伊德持悲观主义的主要理由是人类的内在缺陷。他首要指责的不是文化或特定的群体，他指责的是人。

现在与当时一样，弗洛伊德所谓的"死的本能"仍然是人类社会失败的一个重要因素，当然，我不会以那么神秘和诗意的话来描述它。在我看来，死的本能是人类文化心智的一个结构性成分。用当代神经生物学术语来说，弗洛伊德的"死的本能"对应于一组特定负面情绪的不受抑制的触发，这些负面情绪随后对内稳态造成破坏，并诱发人类个体和集体做出带来浩劫的行为。这些情绪是我在第7章和第8章讨论的情感机制的一部分。我们知道，某些"负面"情绪，包括伤心和悲痛、恐惧和害怕以及恶心，实际上是内稳态重要的保卫者。愤怒是个特例，它存在于人类情绪的工具箱中，因为在某些情况下，它能使对手退缩，从而给愤怒的主体带来优势。但即使愤怒能够带来好处，它的代价也往往很高昂，尤其是当它升级到狂怒和暴怒时。愤怒是负面情绪的一个很好的例子，它的好处在演化中一直在减少。嫉妒、猜忌和鄙视也是如此，它们是由各种羞辱和怨恨引起的。人们常说，陷入这些负面情绪就是坠入动物情绪，但这种观点是对许多动物的不必要的侮辱。这种评价只有部分是正确的，但却没有抓住问题的真实本质。例如，对人类来说，原始的贪婪、愤怒和轻蔑的破坏性，自史前时代以来就是人类对他人犯下不可想象的残忍行为的罪魁祸首。在很多方面，这种残忍确实像我们的近亲猿类，因为猿类会残忍地撕裂敌人的身体（包括真实的或研究人员做的假身体），虽然耸人听闻，但人类的精明会使这种残忍变得更可怕。黑猩猩从不会把其他黑猩猩钉在十字架上，但古罗马人却发明了钉十字架的行刑方式来对付他人。人类用创造性发明设计出新的虐待和杀戮方法。人类的愤怒和恶意因他们掌握的丰富的知识、扭曲的理智和无约束的科技力量而变本加厉。今天，对他人进行恶意伤害的人确实越来越少了，这表明人类确实有一些进步，但少数人能够随意支配的潜在的巨大破坏力却是从未有过地大。当弗洛伊德在《文明及其不满》第7章开头自问"为什么动物没有文化冲突"时，他可能也纠结于这个事实。他没有回答自己的问题，但很显然，动物缺乏制造文化冲突的智力装置，而我们并不缺乏。

在人类社会中出现邪恶冲动的程度以及它们对公众行为的影响程度，在人口中的分布并不均匀。首先，存在性别差异[10]。相比女性，男性更可能表现出身体暴力，这符合他们祖先的社会角色，即捕猎和守卫领土；女性也可能很有暴力倾向，但很明显，大多数男性更关心个体，而这样的女性相对少一些。不过，科学家在两性身上都发现了丰富的养育情感。

其次，随冲动行事（不管好坏）还受其他条件约束。例如，它取决于个体的性情，而性情又取决于个体如何由于基因、早期生活的发展和经验、社会和历史环境（其中家庭结构和教育占突出地位）等多种因素施展其驱力和情绪。性情的表达甚至受到当前社会环境和气候的影响[11]。合作策略一直是人类受内稳态驱动的生物组成的一部分，这意味着冲突解决的根源连同冲突的倾向就存在于人类群体中。然而，我们似乎可以合理地认为，有益的合作与破坏性竞争之间的平衡实质上取决于文明的遏制作用、公平和民主的治理以及那些被治理者的代表。反过来，文明的遏制作用取决于知识和辨别力，至少取决于教育、科学和技术进步以及对世俗的人文传统的调整所产生的智慧。

除了这种坚定的文明努力之外，带有独特文化身份和相关心理、生理和社会政治特征的个体组成的人群，会尽可能争取他们需要的或想要的。他们能够聚合成边界模糊的实体，这恰恰就是群体的由内稳态驱动的生物禀性会自然地推动去做的事情。阻止或解决破坏性冲突的唯一方式是合作，而不是一个群体对另一个群体或他人的专制统治。冲突的这种明智协商标志着人类社会处于其最好的文明状态。

这种合作努力的上演还需要有能担负个体对利益期许的治理领导者，以及一个能施行合作努力和监控合作结果的有教养的市民社会。我注意到，乍看之下，当我们转向治理时，我们似乎远离了生物领域。但事实并非如此。治理努力所需要的旷日持久的谈判过程必然根植于情感、知识、推理和决策的生物学基础上。人类不可避免地受制于情感机制及其与理性的和解。人类不可能逃离那种状况。

如果先不考虑过去的成功，那么文明的努力在今天获得成功的可能性有多大呢？成功很可能不会实现，因为我们借以发明文明解决方案的工具本身（即感受与理性之间复杂的相互作用）会被不同支持者（比如个人、家庭、具有不同文化身份的群体，以及更大的社会生物体）的相互冲突的内稳态目标所摧毁。对于我们所面临的这种困境，文化的周期性失败要归咎于我们独特的行为和心智特征这两者的前人类古老生物起源本身，它渗透和腐化着人类冲突的解决方案及其实施。

因为当前的文化方案或方案的实施不会独立于它们的生物起源，我们的最美好和最高尚的意图会不可避免地受挫，再多的跨代际教育也无法弥补这个缺陷。我们就像西西弗斯那样一再地受挫。作为对其傲慢的惩罚，西西弗斯被罚把一块大石头推到山上，结果每次大石头都会滚落下来，他不得不再次把它推上去。

谙熟人工智能和机器人的世界的历史学家和哲学家已经清晰讲述了这种失败剧情的花絮[12]。如前几章所说，他们猜想，科学和技术进步将贬低人类和人性的地位；他们预测会出现超生物体；他们还预言，感受和意识在未来的生物体中没有位置。这些反乌托邦预言背后的科学性还有待讨论，而预言也可能不准确。但即使预言是准确的，我认为也没有理由默认这种未来情形而不做任何抗争。

在另外一个情景中，经过几代人持续的文明努力，合作最终成为主导。尽管20世纪出现过一些极端的人类灾难，但在许多方面，就人类历史来说也存在许多积极的发展。毕竟我们废除了作为普遍文化习俗的长达几千年的奴隶制度，而且我很难设想一个心智健全的人在今天还会去捍卫这种制度。而在我们极为崇敬的柏拉图、亚里士多德和伊壁鸠鲁所在的文化发达的雅典城，有超过15万的人口，但只有3万人是公民，其余的都是奴隶[13]。将异想天开和低迷放到一边后，人们已经在关注合作并取得了一些进步。

广义的教育是一条明显的前进之路。旨在创造健康的、富有成效的社会环境的长期教育计划需要特别注重伦理和公民行为，并鼓励古典美德，如诚实、仁慈、同理心、恻隐之心、感恩和谦虚。这样的教育还应该关注那些超越生命直接需求的人类价值。

对他人的关心以及对非人类物种和这个星球的关心表明，人们越来越认识到人类的困境，甚至领悟到生命和环境的特定状况。一些统计数据还表明，某些形式的暴力在下降，尽管这种趋势也许不可持续。这样看来，人类野蛮本性中最糟糕的部分正在被驯服，或许假以时日，文化最终会有效地控制野蛮状态和冲突，这确实是一个美好前景。在文化方面，我们有很多工作要进行，在社会文化空间中，这些工作还远远没有达到演化历经几十亿年才在基本生物层面上实现的近乎完美的内稳态。鉴于演化历经如此多的时间才优化了内稳态的运行，人们如何能期待在我们共享的短短几千年里就能使如此多和如此多样的文化群体的内稳态需求实现和谐呢？尽管民主国家当前存在危机，但这种情景让我们既能适应暂时的挫折，同时也对进步保持着希望。

这不是人类本性的黑暗与光明景象第一次在我们眼前形成对照。17世纪中期，传统上所认同的托马斯·霍布斯（Thomas Hobbes）式的人性观认为，人是孤立的、下流的、粗野的。一个世纪后，让-雅克·卢梭（Jean-Jacques Rousseau）的人性观认为，人类是温柔的、高尚的，是还未腐化堕落的，正如他们刚出生时那样。尽管卢梭最终也认可社会文化腐化了人类的天使般的纯洁，但他和霍布斯的人性观都不够全面[14]。大多数人实际上既粗鄙、野蛮、狡猾、自私自利，也高尚、没有心眼、天真无邪和可爱。没有人会同时具有这一切，尽管有些人会企图这样。光明和黑暗兼具的人性观在当代学界仍然一如过往。我之前提到，我们对人类生命之尊严的觉悟已经提高了，而且有可能继续取得进步，但这个观点却受到周期性失败的现实的驳斥。哲学家约翰·格雷（John Gray）就持这种立场，他是个顽固的悲观主义者，他认为进步是一种错觉，是皈依启蒙神话的那些人杜撰的一首诱惑人的歌曲罢了[15]。启蒙运动也有其黑暗的、不光明的一面，这是马克斯·霍克海默（Max Horkheimer）和西奥多·阿多诺（Theodor Adorno）在20世纪中期所认识到的[16]。

不过，能让我们在当前危机中保持希望的一个坚实理由是这样的：迄今，还没有哪个得到一贯、持久和广泛贯彻的教育规划能让我们确信，教育无法让我们走向所渴求的更好的人类状况。

一个未解决的冲突

困扰但有希望，或困扰且无希望，要确定其中哪个情形最可能出现是不可能的。世上有太多的未知事物，数字通信、人工智能、机器人和网络战的最终结果尤其难以确定。科学和技术的优势可以有力地促进我们的未来，它们的潜力仍然是非凡的，但也可能给我们带来厄运。同时，人们是偏好第一种情形还是第二种情形，这与他们的性情是光明的还是阴暗的有关。问题在于，当面对如此的困扰和不确定性时，人们的典型性情也会在光明与阴暗之间摇摆。同时，我们可以从容地处理这个问题，并得出如下结论。

人类社会包括两个世界。其中一个世界是由自然赐予的生命调节法则构成，牵引它的线是由不可见的苦乐之手掌握着。我们意识不到这些法则或它们的支撑物，我们仅仅意识到被我们称为痛苦或快乐的特定结果。我们无法干涉法则的形成，就此而论，我们也无法干涉苦乐的强大力量的存在。我们无法修改它们，正如我们不能改变恒星的运动或阻止地震一样。我们也无法干涉自然选择亿万年来建立的情感装置的方式，而很大程度上，情感装置通过限制痛苦和增强快乐来支配我们的社会和个人生活，这主要是在个体层上，即便是对同一群体内的人，也只是部分地考虑其他个体。

当然，还存在另一个世界。我们可以通过生命管理的文化形式来作为对基本变量的补充。结果就是，我们不断地发现我们内部和周围的世界，以及发现我们在内部记忆和外部记录中累积知识的能力。**这里的情况不同于第一个世界，我们可以在这里反思知识，深入地思考它们，明智地运用它们，并发明出各种针对自然法则的反应方式。**有时，我们的知识（具有讽刺意味的是，它们还包括发现我们无法对之做出改变的生命调节法则）使得我们能够应付分发到我们手中的牌。我们将这些努力所累积的结果称为文化和文明。

一直以来，我们都难以处理自然强加的生命调节与我们发明的应对方式之间的鸿沟，所以人类的处境经常类似于悲剧，偶尔才类似于喜剧。但人类具有的能够发明解决方案的能力是个巨大的优势，但也容易失败且代价高昂。我们称之为自由的负担，或更确切地说，是意识的负担[17]。如果我们不知道状况，或者说没有主观地感受到它，那么我们就不会关心它。但是，一旦我们主观驱动的关心接管了对状况的反应，我们就会让过程偏向于我们可理解的个体利益，包括那些与我们最亲密的人的利益，但我们很少将其扩展到我们所在的文化群体的利益。这种做法至少部分地侵蚀了我们的努力，并且实际上在全局文化系统的不同点上扰乱了内稳态。但是这里有一种可能的补救措施：控制对自我利益无休止的追求，从而使范围更广的内稳态努力成为可能。通过一些手段，社会最终能否成功地引入一种明智且回报丰厚的利他主义形式从而取代目前盛行的自私自利呢？这种努力要取得成功需要什么条件呢[18]？

于是，人类境况的特殊性来自如下的奇怪组合。一方面，那些我们在设计时无从置喙的生命规范，比如需求、危机，以及苦乐、欲望和生殖冲动产生的驱动力源于远古时代，源于非人类的祖先，它们几乎毫无智力或者只有非常有限的智力，也无法真正理解自己的处境。它们及其种族的命运完全由其生物天赋决定，特别是由那些解析它们并很大程度上支配其行为的基因决定。它们的命运被传承给后代以便解析它们的后代，或者不再传承并让自己的物种灭绝。另一方面，由于逐渐扩张的认知资源，人类具备了一种得到改善的诊断处境的能力，这种能力负责体验好坏的感受，并且能以多样的甚至别出心裁的（并非由我们的基因直接规定的）方式做出反应。那些多样且别出心裁的方式是通过文化的、历史的、非基因的媒介直接传递的，在此，那些方式也会经历选择，且选择的积极程度不会小于基因选择。人类文化演化的新颖性的伟大之处就在于此，这种可能性至少暂时地否定了基因遗传对我们命运的绝对控制。当我们拒绝随食欲或性欲而行事时，当我们抗拒惩罚他人的冲动时，或者当我们追随一个违背自然倾向的观念时，我们可以直接而有意地对抗自己的基因施加的强制措施。同样新鲜的事实是，我们可以通过口头和书写传统来传承文化发展，这些传统反过来又会创造出历史发展的外部记录并为反思和理论活动开辟道路。由此导致的后果是惊人的。今天，这些总要经历选择过程的生命、基因和文化背后的各种物理或化学力量之间存在着大量的相互作用。

尽管存在着让人惊叹的新颖性，尽管存在着科学和技术的进步以及充满见地的思考，但我们理解自己在宇宙中位置的能力依然是不完整的，也是不充分的，而我们控制自然的能力也是如此。对于回击苦楚和增进幸福来说，我们的力量既是有限的，也是不稳定的。道德戒律、治理模式、经济、科学技术、哲学体系以及艺术是人类发展出来确保美好生活的手段，它们也确实带来了无比伦比的幸福。但其中一些手段也造成了诉说不尽的痛苦、毁灭和死亡，因为它们与简单又复杂的、没有思考能力的内稳态调节相互冲突。人类一次又一次轻率地认定自己已经走进了一个稳定而理性的时代，他们本以为这个时代永远摆脱了不公和暴力，但却发现严重的不公或战争的恐怖总是以甚至更强的力量再次来临。

16世纪的状况也差不多，莎士比亚在《麦克白》（*Macbeth*）、《奥赛罗》（*Othello*）、《科里奥兰纳斯》（*Coriolanus*）、《哈姆雷特》（*Hamlet*）、《李尔王》（*Lear*）等作品中通过处理恶毒的和机械降神式①的情绪，极为深刻地回归了这种悲剧精神。那些悲剧被《亨利四世》（*Henry IV*）中的人物约翰·福斯塔夫（John Falstaff）的哀婉又甜涩的经历所削弱，也在《温莎的风流娘们》（*The Merry Wives of Windsor*）中被削弱。约翰·福斯塔夫在悔恨和怀旧中思考着他切身感受到的所有的困扰和欢乐。通过悲剧和戏剧，莎士比亚不仅展示了他那个时代的状况，也展示了我们自己时代的状况。

有趣的是，在19世纪，恢宏的歌剧通过将戏剧和音乐结合起来，恢复了希腊悲剧的场景，再次回归同样的悲剧主题，也再次回归到与悲剧分庭抗礼的喜剧主题中。威尔第（Verdi）写出了《麦克白》和《奥赛罗》的精彩新版，并以一句启人心智的舒朗注脚结束了自己的职业生涯：这整部歌剧是献给莎士比亚笔下的福斯塔夫的，这部歌剧显然忽略了福斯塔夫的悲伤毁灭，相反却以快乐的终曲结束。不管是那时或现在，即使人们生活在同一个地方，分享着大致相似的传记，都不存在一种关于人类生存状况的单一看法和处理方式。占主导地位的是人类的差异性[19]。

从戏剧的角度来看，我们人类的整体处境已经从悲剧转向平淡的戏剧，它带有受欢迎的喜剧插曲。我们自己的决定与它们所反击的力量之间的平衡已经完全消除了，并且对我们是有利的。但现实中的我们依然要为并非我们造成的疾病买单，或者要为我们从不希望犯下的错误付出代价。

但是，在过去的追求与未来的尝试之间存在着巨大差异，这缕希望的微

---

① 一种推进故事情节发展的手法，源自希腊古典戏剧，指在作品中意外加入用来解围的角色和事件。——译者注

光就在于我们现在所拥有的关于人类本性的大量知识，以及所拥有的规划出比过去更明智策略的可能性。这条途径认为，让理性掌管一切的想法是愚蠢的，它不过是理性主义过度泛滥的残余；但这条路径也不会未经知识和理性的过滤就完全认可情绪的建议，不管这种情绪是仁慈、怜悯、愤怒还是厌恶[20]。这条路径会培养出感受与理性之间富有成效的伙伴关系，突出有滋养性的情绪，而抑制消极情绪。最终，这条路径会反对将人类心智等同于人工智能创造物的想法。

尽管或许不存在生命的治愈，尽管我们还在等待文明的努力开花结果，但有可能存在一些较短期的救治办法。例如，我们可以为人类集体暂时提供一些经过慎重权衡过的追求幸福和避免痛苦的方案。这或许需要将人的尊严和尊重生命这样的价值提升到无价的神圣高度；我们还需要一组目标，以便能够超越直接的内稳态需求，并激励和鼓舞心智，使之投向未来。鉴于人性的改变速度及其高度的多样性，要搭建针对这类救治办法的社会架构实在不容易。

对幸福的战略性追求，正如那些自发的追求一样，是以感受为前提的。如果没有感受，那么追求背后的动机（生命的种种弊害和制衡它们的愉快事物）是不可想象的。由于与痛苦的相遇和对欲望的识别，感受（无论好坏）能够集聚智力，赋予它一个目的，并帮助我们创造出调节生命的新方式。感受与扩展后的智力的合作犹如强大的炼金术，通过文化手段，它们让人类能对内稳态放手一试，而不是成为基本生物装置的俘虏。当人类在简陋的洞穴中歌唱和发明长笛时，就已经很好地深入到这种新努力中了，并且我猜想他们会在需要的时候用歌声和笛声诱惑和安慰其他人。

一个未被感受的生命是无须治疗的，一个被感受但未经审查的生命将不可能被治愈。感受启动了并将一直助力领航人类万千的智力之船。

万物的古怪秩序

合作因智慧产生吗

如下两个事实暗示了本书的书名：第一个事实是，即使与人类的社会成就相比，我们也可以恰如其分地将早在一亿年前的某些种类的昆虫所发展出的那套社会行为、实践和工具称之为文化；第二个事实是，在更早的时候，很可能是几十亿年前，单细胞生物体就已经展现出符合人类社会文化行为某些方面的社会行为图式。

这些事实当然与传统观点不符，因为传统的观点认为，能够改善生命管理的复杂社会行为，只能出自已经获得高度演化的生物体的心智，即使它们的心智不一定要达到人类水平，但也必须足够复杂或足够接近人类水平，才能够产生这种复杂社会行为所需要的精妙能力。我所写的出现在人类历史早期的社会特征，在生物圈中是非常普遍的，而这些特征无须等到像人类这样的生物诞生才在地球上表现出来。这个秩序确实是古怪的，至少可以说是出人意料的。

如果再深入思考一下，我们会揭示出这些有趣事实背后的一些细节，比如我们通常可以合理地将其与人类的智慧和成熟性联系在一起的那种成功的合作行为。但是合作策略并不总是以聪明成熟的心智的出现为前提。这些策略可能与生命本身一样古老，它们并不比在两个细菌之间签订的相得益彰的条约更英明：一个爱出风头、自命不凡的细菌想要取代一个更大也更早出现的细菌，这两个细菌最终打成了平局，而那个爱出风头的细菌最后伴随在那个更早出现的细菌的左右。真核生物，即具有细胞核和像线粒体那样复杂细胞器的细胞，很可能是以这种方式走到生命的谈判桌边上的。

上面谈到的细菌还没有心智，更别说有聪明的心智了。那个爱出风头的细菌的表现好像是说，"当我们无法赢对方的时候，我们不妨加入它们"。另一方面，那个更早出现的细菌好像是在想，"我不妨接受这个入侵者，如果它对我有所贡献的话"。当然，没有哪一个细菌真会进行思考。这里不涉及心智反思，不涉及先验知识，不涉及诡计、欺诈、友善、公平游戏或外交调停。对这个问题的解决完全是盲目的，并且是从这个过程的内部解决的，是自下而上解决的。回过头来看，这个选择对两边都有利。这个成功的选择是根据内稳态命令的要求所塑造的，但这并非魔法，除非是从诗意角度来说。它是由细胞中以及在细胞与环境的生理化学关系的语境中适用于生命过程的具体的物理和化学约束构成的。值得我们注意的是，算法观念也可以应用于这种情境。确保这种策略得以成功的生物体的遗传机制，会保留在后代的指令系统中。如果这个选择不成功，那么它就会遭到淘汰，从而埋葬在演化的巨大坟场中，我们永远也不会知道事实。

这个有趣的合作过程并不是孤立无援的。细菌可以根据细胞膜上的化学探测器感知其他细菌，它们甚至能够根据那些探测器的分子结构而将陌生的细菌与具有亲缘关系的细菌分辨开来。这是我们感官知觉的一种不发达的早期形式。相比基于表象的听觉或视觉，它更接近于味觉和嗅觉。

万物古怪的发生秩序揭示出内稳态的强大力量。内稳态的命令是不屈不挠的，通过反复摸索，它能选择出解决各种生命管理问题的自然可行的行为方案。生物体不知不觉地选择和屏蔽其环境中的物理成分和其细胞膜内的化学成分，并且不知不觉地提出了有助于维持生命和使生命变得更兴旺的优良解决方案。让人感到惊奇的一点是，当不同生物在生命形式复杂演化的其他点上的其他场合中遇到类似的问题时，它们会发现相同的解决方案。这种朝向特定解决方案、朝向相似图式和朝向某种程度的不可避免性的趋势，是由生物体的结构和状况以及它们与环境的关系决定的，显而易见，这些都依赖于内稳态。我所提到的这一切都出现在汤普森（Thompson）关于成长和形式（比如细胞的形式和结构、组织、卵壳等）的著作中[1]。

合作和竞争在演化上就像一对孪生子，合作有助于选择那些展现出最有效策略的生物体。因而，今天当我们为合作而付出一些个人牺牲，并把这种行为称为利他行为时，要知道我们发明这种合作策略并非出于我们的善心。奇怪的是，这个策略很早就出现了，而现在它已经有些陈腐了。事实上，肯定与之不同并且"现代"的策略是，当我们遇到一个可解决的问题（不管需不需要利他的反应）时，如今我们可以在心智中全面地思考和感受它，并至少在某种程度上自主地选择要采取的解决方法。现在我们有了选择，我们可以选择利他主义并承受随之而来的损失，也可以拒绝利他主义以免遭受损失，甚至暂时还会有所得。

利他主义议题始终是理解早期"文化"与完全成熟的文化之间区别的一个非常好的切入点。利他主义的起源是盲目的合作，但利他主义可以被解构，可以作为一种有意识的人类策略在家庭和学校中被教授。就像培养怜悯、钦佩、敬重、感恩等仁善的情绪那样，我们可以在社会中鼓励、练习、培养和践行利他行为。当然，我们也可以不这么做。虽然没什么能够保证利他主义总是行得通，但它可以作为一种通过教育而获得的有意识的人类资源而存在。

人们可以在"利益"这个概念中发现起源时的文化与高度发展的文化之间的对比的另一个例子。长久以来，细胞就一直在寻找利益，我的意思是，细胞会控制自己的新陈代谢以便产生积极的能量平衡。那些成功生存下来的细胞非常擅于营造积极的能量平衡，而这就是"利益"。但利益是自然的和普遍有益的这一事实从文化方面来说并不必然是好的。文化可以决定自然事物在何时是好的以及好的程度，文化也可以决定它们何时是不好的。贪婪也是一种自然利益，但在文化上就不是好的，这与戈登·盖科（Gordon Gekko）对"贪婪"的著名肯定主张相反[2]。

意识由神经系统创造吗

在高级的心智功能中，出现秩序最奇怪的或许就是感受和意识了。认为我们称之为感受的这种心智精华在演化中只会在最高级的生物中产生的观点并非是不合理的，只是不能被接受而已。意识也是如此。主观性，即意识的标志，是一种拥有自己的心智体验并赋予这些体验以个体视角的能力。人们普遍认为主观性不大可能出现在除复杂人类之外的生物中。更不可以被接受的一点是，人们经常以为感受和意识的精致过程必须源自最现代、最具人类特征、演化程度最高的中枢神经系统，即显赫的大脑皮层。对感受和意识有兴趣的公众也偏爱大脑皮层；有一段时间，一些著名的神经学家和心智哲学家也是如此。当代科学家对"意识的神经相关物"的积极探索也专门集中在大脑皮层上，而且关注的还主要是视觉意识。心智哲学家也选择把视觉过程作为基础，用来讨论心智体验、主观性以及感受质。

然而，这种流行的看法完全是错误的。就我们所知，感受和主观性依赖于带有中枢成分的神经系统的早一步出现，但没有任何正当理由认为大脑皮层是感受和主观性的神经基底。相反，位于大脑皮层下的脑干核团和端脑中的神经核团是支撑感受，延伸一步可以说是支持感受质的关键结构，而感受质是我们理解意识所不可缺少的。就意识而言，只有我们谈到的这两个关键过程主要依赖大脑皮层。而且，感受和主观性并不是最近才出现的，更不是人类独有的，它们可能在寒武纪之前就存在了。不仅所有脊椎动物有可能有意识地体验到各种感受，而且一些无脊椎动物也有可能做到这一点，因为就脊髓和脑干而言，它们的中枢神经系统的设计与人类是相似的。社会性昆虫也有可能在这方面达标，而拥有与人脑非常不同的脑结构的迷人章鱼同样有可能达标。

所以，我们顺理成章地得出的结论是：感受和主观性是古老的能力，并且它们的首次登场无须依赖高等脊椎动物，更别说人类的复杂大脑皮层。这确实很奇怪，但还有更奇怪的事情。在远在寒武纪之前的时期，单细胞生物就能用自卫和稳定的化学和物理反应对危及身体完整性的损害做出回应，那是一些类似退缩和躲避的反应。就实用性来说，那些反应可以说是情绪性反应，即一种行动程序，之后它们会在演化方面表征为心智感受。奇怪的是，即使这个视角采择的过程也可能有一个非常古老的起源。单细胞的感觉和反应行为都有一个内隐的"视角"，它是那个特定生物个体的视角，是那个生物体独有的视角，只是这种内隐的视角还未在一个分离的映射中获得二次表征。这很可能是主观性的最初形式，这个最初形式最终在有心智的生物中变得清楚而真切。我要强调的是，尽管这些早期过程是耀眼的，但它们自始至终仍然是行为的，不过是聪明、有用的行动。我认为，在这些早期过程中不存在任何心智或体验的成分，没有心智，没有感受，没有意识。我对来自微小生物体世界的更多启示持开放态度，但我并不期待一时半会儿能搞清有关微生物的现象学，我甚至永远不抱期待[3]。

总之，那些最终成为感受和意识的心智功能是沿着分离的演化路线渐次递增而非以整齐划一的方式形成的。我们可以在单细胞生物、海绵、水螅、头足类和哺乳动物的社会和情感行为中发现相当多的共同点，这个事实不仅表明不同生物的生命调节问题有一个共同的根源，而且表明它们分享了一个共同方案，即遵循内稳态命令。

在内稳态令人满意的日积月累的历史中，最突出的是神经系统的出现。神经系统为映射、表象，为构形的、"相似的"表征开辟了道路，而这完全可以说是一种最深意义上的变革。即使神经系统过去和现在都不是以独自的方式工作的，即使它主要是服务于一项更大的事业，即维持高效且遵守内稳态命令的复杂生物体的生命活动，仍然是变革性的。

心智只诞生于脑吗

上面的这些考虑将我们带向心智、感受和意识的古怪的出现秩序的另一个重要方面，这个方面细微且容易遭到忽视。与之紧密联系的观点是：无论是神经系统的一部分还是整个脑，都不是心智现象唯一的制造者和提供者。神经现象不大可能独自产生心智诸多方面所需的功能背景，而且可以确定的一点是，神经现象不能独自产生感受。神经系统与生物体的非神经结构之间紧密的双向活动是感受产生的必要条件。神经系统与非神经的结构和过程不仅是毗邻的，而且是持续互动的合作伙伴，它们可不是一些像手机中的芯片那样彼此进行信号交流却态度冷淡的实体。**说得直白点儿就是，脑和身体浸泡在熬制心智的同一锅汤中。**

一旦用这种新的观点解释"身体与脑"的关系，无数的哲学和心理学问题就迎刃而解了。始自雅典的根深蒂固的二元论，尽管曾被笛卡尔重新定义过，并抵挡住了斯宾诺莎的猛烈抨击，受到了计算机科学的冷酷利用，但时至今日它已经是一个日落西山的观点了。我们现在需要一个生物学上统合的新观点。

我的职业生涯是从思考和研究脑与心智之间的关系开始的，但没有什么能比这两者之间关系的概念差别更大了。20岁的时候，我开始阅读沃伦·麦卡洛克（Warren McCulloch）、诺伯特·维纳（Norbert Wiener）和克劳德·香农（Claude Shannon）的著作；因缘际会，麦卡洛克不久就与诺曼·格施温德（Norman Geschwind）一起成为我的第一批美国导师。对于科学而言，那是一个令人振奋的奠基性时期，它开启了神经科学、计算机科学和人工智能的非凡之路。然而，现在回过头来看，那个时代似乎无意提供一个关于人类心智像什么和感觉起来像什么的现实的观点。当时的各个理论都喜欢从生命过程的热力学中抽象演绎出关于神经元活动的干瘪的数学描述，所以又如何可能提出那种观点呢？讨论心智是如何形成时，布尔代数是有其局限性的[4]。

　　基于生物体的过往历史及其当前表现，无论是考察生物体内诸系统的运行状况还是预测它们的未来，这类能力都充分利用了大脑皮层，尽管它们不一定非要等到人类或其他生物的大脑皮层的出现。换言之，我所谈的是监控能力，并且我在审慎地使用这个术语。

　　当我描述周围神经系统的结构和功能时，我提到过，鉴于神经系统与生物体之间惊人的连续性和交互性，神经纤维能"访问"我们身体的每个部位，并把这些位置的局部运行状态报告给脊髓神经节、三叉神经节和中枢神经系统的神经核团。简言之，在某种意义上，神经纤维是生物体的巨量财产的"勘察员"。顺带提一下，免疫系统的淋巴细胞也是勘察员，它们对整个身体展开巡查，搜索那些侵入的细菌和病毒，并遏制和消灭它们。脊髓、脑干和下丘脑中的许多神经核团具备对如此收集到的信息做出反应所需的神经技能，并能够在需要的时候基于神经技能采取防御行动。此外，大脑皮层还可以仔细检查大量先前相关的数据，并预测接下来可能发生什么。它们甚至能够有效地预测内部功能的意外偏移。这些有效的预测就表现为感受，正如我们之前看到的，感受是复杂的心智体验，它们来自各种现场数据的混合，而这些数据源自某些区域，甚至源自在全局上与整个身体相关的区域[5]。

最近，在计算机科学和人工智能领域里，谈论作为现代技术发明的大数据及其预测能力成了一个时尚的话题。但正如我们在前面提到的，当在高级神经层次上操作内稳态时，脑（不单单是人脑）老早就已经是"大数据"的操作者了。例如，当我们人类直觉到一个特定争论的结果时，我们就充分利用了自己的"大数据"支持系统。我们利用了以往存放在记忆中的监控数据，并且利用了预测算法。

应该注意的是，具有非凡监控和侦查能力的社交媒体巨头和做招聘调查的公司只是晚些时候出现且不付薪酬给大自然原初的特许经销权的使用者。我们无法怪罪大自然发展了内稳态上有用的监控系统，但反过来，我们能够质疑和评判这些公司仅仅为了增强自身力量和货币财富而重新发明监控形式。质疑和评判是文化的合法事务。

所有这些与文化相关的现象的出现秩序确实是古怪的，很难符合人们最初的猜测。然而，仍然存在一些受欢迎的例外情况。人们预期哲学探询、真正的道德体系和艺术只有在演化后期才出现，并能够在人类社会中流行开来。而无论过去还是现在，这确实是事实。

当考虑到这类古怪的出现秩序时，这个画面现在就更清晰了。对于生命史的大部分时期，确切地说对于大约35亿年或更长时期来说，许多动物和植物表现出了感知和回应周围世界的丰富能力，它们表现出智能的社会行为，并不断改善它们的生物装置，从而使它们活得更有效和更长久，并将它们生命兴旺的秘密传递给后代。不过，它们的生命所展现的只是心智、感受、思考和意识的初期形式，还不是那些能力本身。

它们所缺乏的是表征生物体内外的现实物体和事件的"肖像"的能力。使表象和心智得以产生的条件在5亿年前才开始出现，而人类心智则在仅仅几十万年前才出现。

早期模拟形式的表征的开端使得基于各种感知模态的表象的兴起成为可能，并为感受和意识开辟了道路。之后，符号表征开始包括编码和语法，由此，文字语言和数学之路便畅通了。随后，基于表象的记忆、想象、反思、探索、辨别和创造性的世界出现了。而文化是它们最主要的表现。

尽管做起来不容易，但我们仍然可以在人类当前的生命形态（及其文化对象和文化实践）与感受和主观性、语言和决策出现之前的久远的生命形态之间建立起联系。这两组现象之间的联系还穿行在一个复杂的迷宫中，我们很容易在这里转错方向或迷路。在这里，我们需要找到一条指引线，即阿里阿德涅之线（比喻解决问题的方法）。生物学、心理学和哲学的任务就是将这条线接起来。

人们常常担心，日益丰富的生物学知识会将复杂的、富有心智和意志的文化生活还原为自动化的前心智的生活。我认为这种情况不会发生。第一，日益丰富的生物学知识实际上取得了一些特别不同的成就，即它们实际上加深了文化与生命过程之间的关联。第二，文化各方面的丰富性和原创性并没有被还原掉。第三，关于生命以及关于我们与其他生物共有的基质和过程的日益丰富的知识并不会降低人类的生物独特性。值得再说一次的是，人类的独特地位是毋庸置疑的，它远远超出与其他生物共有的那些东西。因为通过对过去的个体和集体的记忆以及通过对未来的想象，人类以一种独一无二的方式放大了他们的痛苦和快乐。从分子层面到系统层面，逐渐增加的生物学知识实际上加强了人道主义的事业。

还有一个观点也值得再说一次，在对当前人类行为的解释上，支持自主的文化影响与支持由基因传递的自然选择的影响之间完全没有冲突。这两种影响只是以不同的比例和顺序在发挥各自的作用而已。

尽管本章旨在对那些能有助于我们解释人性的能力的出现秩序进行重新编排，但我还是用了常规生物学和常规演化思想来说明经过修正的事件过程的出人意料的古怪性，以及说明我试图以不太常规的方式解释的那些现象，比如心智、感受和意识。在这个语境中，我觉得有必要补充两点：

第一，在当前强有力的新科学发现的支配下，人们会很自然地听信那些可能被时间无情抛弃的草率的断言和解释。我准备好了捍卫自己关于感受和意识的生物学以及文化心智的根源的当前观点，但我也认识到那些看法可能会在不久的将来被修正。

第二，很显然，我们可以自信地谈论生物体及其演化的特点和运行状况，我们也可以将宇宙的开端确定在130亿年前。然而，对于宇宙的起源和意义，我们还缺乏令人满意的科学说明，简言之，我们还缺乏一个关于自己的万物理论。这让我们冷静地认识到，我们的努力还多么不成熟，还多么富于尝试性，并且也提醒我们在面对未知的时候要保持开放的态度。

致　谢

　　尽管酝酿一本书要经历漫长的筹划和反思，但需要坐下来动笔的那一天总会到来。我清晰地记得之前动笔写每本书的那一刻以及当时的状况。我也会沉浸到这些记忆里，就好像它们告诉了我写作的线索。就这本书来说，它是从我朋友劳拉（Laura）和伊曼纽尔·恩加罗（Emanuel Ungaro）位于普罗旺斯的家中开始的，它源于我与伊曼纽尔之间进行的一场关于"特定创伤何以通常会促进人们的创造"这一议题的对话。我们当时正在谈论一本让·日奈（Jean Genet）所著的奇妙著作——《贾科梅蒂的画室》（*L'Atelier d'Alberto Giacometti*），毕加索认为这是他所读过的关于艺术创造的最佳著作。日奈讲道："美的唯一起源是每个人各不相同的独特创伤，不管是隐藏的还是可见的。"日奈的话与"感受是文化过程中的关键扮演者"这个观点有紧密的联系。现在，写作可以正儿八经地开始了，而一年以后，在完全相同的环境中，我回忆起我向另一个朋友让-巴蒂斯特·胡恩（Jean-Baptiste Huynh）解释初稿的情景。

本书的早期部分是我在法国的其他地方写的，在芭芭拉·古根海姆（Barbara Guggenheim）和伯特·菲尔茨（Bert Fields）的家中。我感谢所有这些朋友，感谢他们及其提供的场所如此自然地赋予我灵感。

我也要在这里对本书的书名做一个说明。可能刚听到这个书名的时，有人会问我这个书名是否引用了米歇尔·福柯（Michel Foucault）的说法。我当然没有引用，我知道他们为什么要这么问，因为福柯曾写过一本书，它的法文原名是《词与物》（*Les Mots et les choses*），但它的英文版书名却变成了《万物的秩序》（*The Order of Things*）。不过福柯的这本书与我的书名没有任何关系。

我的"理智家园"是南加州大学的栋赛夫文理学院。脑与创造性研究院（Brain and Creativity Institute）的几位同事非常耐心地阅读了整个书稿，并详细地讨论了一些段落。我从他们的评论中获益良多，我感激他们每个人，尤其要感谢金森·曼（Kingson Man）、马克斯·亨宁（Max Henning）、吉尔·卡瓦略（Gil Carvalho）和乔纳斯·卡普拉（Jonas Kaplan）。此外，莫特扎·德加尼（Morteza Dehghani）、阿萨尔·哈比比（Assal Habibi）、玛丽·海伦·爱莫迪诺-杨（Mary Helen Immordino-Yang）、约翰·蒙托罗索（John Monterosso）、雷尔·卡恩（Rael Cahn）、赫尔德·阿劳霍（Helder Araujo）和马修·萨克斯（Matthew Sachs）的阅读、评论和鼓励对我来说也非常重要。

另外一群学科更广泛的同事也一样给我提了许多宝贵建议。他们是曼纽尔·卡斯特（一位杰出的学者，几年来他一直关注我观点的发展）、史蒂文·芬克尔、马尔科·维尔吉（Marco Verweij）、马克·约翰逊、拉尔夫·阿道夫斯（Ralph Adolphs）、卡米洛·卡斯蒂略（Camelo Castillo）、雅各布·索尔（Jacob Soll）和查尔斯·麦克纳（Charles McKenna）。

此外，还有一群人非常友好地阅读了部分书稿，或帮助回答了一些特定问题。他们是基思·贝弗斯托克、弗里曼·戴森、玛格丽特·利瓦伊（Margaret Levi）、罗斯·麦克德莫特（Rose McDermott）、霍华德·加德纳、简·伊塞（Jane Isay）和玛利亚·德索萨（Maria de Sousa）。

最后，一些极富耐心的朋友阅读和评论了本书的好几个修改稿，并听我谈论了令人苦恼的准备献词页的问题。他们是乔丽·格雷厄姆（Jorie Graham）、彼得·萨克斯（Peter Sacks）、彼得·布鲁克（Peter Brook）、马友友（Yo-Yo Ma）和贝内特·米勒（Bennett Miller）。

多亏了两个基金会的支持，本书的大部分内容所基于的研究才可能完成，分别是：马瑟斯基金会（Mathers Foundation），堪称几十年来支持生物学研究的楷模；伯格鲁恩基金会（Berggruen Foundation），其主席尼古拉斯·伯格鲁恩（Nicolas Berggruen）对人类事务充满无尽的好奇。我感谢这两个基金会对我的信任。

万神殿出版社（Pantheon）的丹·弗兰克（Dan Frank）是一个博学、睿智且有着冷静嗓音的人，他是那种能在你彷徨时给你所需帮助的人。我衷心地感谢他。我还要感谢贝齐·萨莉（Betsy Sallee）在她办公室里所给予的周到细致的帮助。

迈克尔·卡莱尔（Michael Carlisle）是我的亲密朋友，我们的交往超过了30年，他作为我的代理人也有大约25年了。他是一个专业精湛且热情的人。我感谢他和他的团队，尤其是其中的亚历克西斯·赫尔利（Alexis Hurley）。

我必须好好感谢丹妮丝·中村（Denise Nakamura），她对细节的专注、认真和耐心堪称楷模。我还要感谢切蒂亚·努涅斯（Cinthya Nunez）把脑和创造性研究院管理得井井有条，并时刻准备着处理遇到的问题。本书的手稿多亏了他们的奉献精神。我还要感谢瑞安·维加（Ryan Veiga），她录入了部分手稿并帮我准备了注释与参考文献。

最后，我要说，我的妻子汉娜读了我写过的所有东西，她是我最好的批评者（我的意思是，她是我最严厉的批评者）。她的贡献无处不在。我一再劝她与我合作写书，但都没有成功。我最要感谢的理所当然是她。

安东尼奥·达马西奥是当代极负盛名的认知神经科学家。迄今，他已经出版了五部受到学界普遍欢迎也颇为畅销的著作。国内对他著作的翻译跟进得也还算快。现在，湛庐文化将达马西奥的这五部著作集为"情绪与人性"系列统一出版，可谓独具慧眼。

我记得自己最初关注达马西奥的文章和著作是在2005年前后。此刻，在为《万物的古怪秩序》写译者后记之时，我觉得有必要谈谈我对他的基本思想的理解。

达马西奥的主要研究可以归于心智的生物学这个一般领域，而他尤其有影响力的工作包括：（1）情感在社会认知和决策中的不可或缺的作用；（2）情绪、感受、意识和自我的神经科学；（3）文化的生物学根源。此外，我们还可以概括出两个贯穿于其工作始终的基本观念：心智的生命观和层级演化观。

在达马西奥看来，所有的心智现象或功能都可以围绕生命、生命的起源、生命的适应和生命的演化来理解。仅仅将生命视为一种特定组织类型的物质系统，对它进行生理学的解析是不够的，因为如果不从价值的角度进行考虑，不将生命视为一个本然的价值系统，视为一个有目的的行动者，那么生命就不可能被真正理解。生命作为一个价值和目的系统的意义在于，生命是一个通过新陈代谢的自我生产而得以自我维持的系统，达马西奥喜欢用"内稳态"这个概念表达这一点。他认为，活着（staying alive）是所有生命形态的第一现实，是最基本的生物目的，而这一生物目的的生物学过程就是内稳态。达马西奥将内稳态视为理解所有心智功能（无论是非意识的、无意识的还是有意识的）的生物学关键。他在《感受发生的一切》中就讲到过：科学家往往专注于理解内稳态的神经生理机制，但他们对这些领域的科学进步之于心智的理解有何价值却鲜有论及。事实上，换一个角度看，既然情绪是生命内稳态调节机制的一部分，那就可以从生命调节的角度来理解情绪，也就意味着可以从生命调节的角度来理解意识的功能和文化的功能。时至今日，尽管心智、意识、自我、自由意志乃至文化的生物学和神经科学研究已经并非什么新奇之见，社会生物学、文化生物学和演化心理学也已经获得极大的发展，但达马西奥关于"内稳态是理解所有心智功能的生物学关键"这一主张仍然是一个非常卓越和光辉的思想。

达马西奥这种从生命的角度理解心智的立场也是我所衷心认同的。在我看来，离开生命，心智便荡然无存：我的一切心智生活，无论是对他者和环境的感知、记忆、情绪和构想，自动化的反应和有意识的慎思，自我的认同和冲突，还是对利己或利他的可能性的权衡和抉择，既由我这个有机的生命表达，也由它实现。正因为这个立场，我一直乐于追踪达马西奥的研究进展，而这也是我主动向湛庐文化提出翻译他的这本最新著作的内在动因。

常规的观点认为，文化是与高度发达的心智联系在一起的。也就是说，产生复杂社会行为所需要的精妙能力，只能出自已经获得高度演化的生物体的心智，尽管它们的心智并不一定要完全达到人类水平，但也必须复杂到接近人类水平。然而，达马西奥认为，这种关于文化的起源和出现的常规观点是不恰当的。他认为，文化出现的顺序与常规的观点不同。他提出，出现在人类历史早期的那些社会特征在生物圈中是非常普遍的，它们无须等到像人类这样的生物诞生之后才出现在地球上。事实上，在达马西奥看来，文化的起源要早得多，甚至最简单的生命形式即单细胞生命就已经表现出我们称之为文化的社会行为。尽管那些早期的社会行为还非常简朴，但它们仍然可以被合理地看作文化的表现。正是因为如此，对常规的观点来说，"文化的出现并不以人类发达的心智水平为条件"这个见解引出了一个让人颇感古怪的文化出现的秩序。为此，达马西奥在书中专门对书名中为什么要用"古怪秩序"这一说法做了解释："如下两个事实暗示了本书的书名。第一个事实是，即使与人类的社会成就相比，我们也可以恰如其分地将早在一亿年前某些种类的昆虫所发展出的那套社会行为、实践和工具称之为文化。第二个事实是，在更早的时候，很可能是几十亿年前，单细胞生物体就已经展现出符合人类社会文化行为某些方面的社会行为图式。"

在开展心智的生物学研究时，人们担心，这种研究会将复杂的、丰富的、富有诗意和审美的人性世界或"生活世界"还原为一种毫无人性的生理、化学乃至物理的事实和事件。对这个忧虑，达马西奥一贯的回答是：认识到人类的感受、情绪和情感依赖于特定的神经系统与其他身体系统的互动，这不会削弱人类情感生活的现象学地位；相反，对情感的神经生物过程的更深刻广泛的知识会使人类更恰当地对待自己的情感生活；同时，认识到人类情感生活具有如此神奇魔力的复杂机制，不仅不会削弱我们情感的地位，反而会增加我们对人性的好奇和敬畏。

这本书的翻译是我主动兜揽来的，"知之者不如好之者，好之者不如乐之者"，因此翻译这本书不是苦差而是乐事。余读其书，乐译其文。我请博士研究生康文煌翻译了初稿，之后我对初译稿做了多遍逐字逐句的重译和校对。作为本书的责任译者，我愿意就译文的错讹谦恭地接受学界和读者的指正和批评。

李恒威

2019年7月10日

考虑到环保的因素，也为了节省纸张、降低图书定价，本书制作了电子版的注释与参考文献。请扫描下方二维码，下载"湛庐阅读"App，搜索"万物的古怪秩序"，即可获取注释与参考文献。

未来，属于终身学习者

我这辈子遇到的聪明人（来自各行各业的聪明人）没有不每天阅读的——没有，一个都没有。巴菲特读书之多，我读书之多，可能会让你感到吃惊。孩子们都笑话我。他们觉得我是一本长了两条腿的书。

——查理·芒格

互联网改变了信息连接的方式；指数型技术在迅速颠覆着现有的商业世界；人工智能已经开始抢占人类的工作岗位……

未来，到底需要什么样的人才？

改变命运唯一的策略是你要变成终身学习者。未来世界将不再需要单一的技能型人才，而是需要具备完善的知识结构、极强逻辑思考力和高感知力的复合型人才。优秀的人往往通过阅读建立足够强大的抽象思维能力，获得异于众人的思考和整合能力。未来，将属于终身学习者！而阅读必定和终身学习形影不离。

很多人读书，追求的是干货，寻求的是立刻行之有效的解决方案。其实这是一种留在舒适区的阅读方法。在这个充满不确定性的年代，答案不会简单地出现在书里，因为生活根本就没有标准确切的答案，你也不能期望过去的经验能解决未来的问题。

而真正的阅读，应该在书中与智者同行思考，借他们的视角看到世界的多元性，提出比答案更重要的好问题，在不确定的时代中领先起跑。

湛庐阅读App：与最聪明的人共同进化

有人常常把成本支出的焦点放在书价上，把读完一本书当作阅读的终结。其实不然。

时间是读者付出的最大阅读成本

怎么读是读者面临的最大阅读障碍

"读书破万卷"不仅仅在"万"，更重要的是在"破"！

现在，我们构建了全新的"湛庐阅读"App。它将成为你"破万卷"的新居所。在这里：

● 不用考虑读什么，你可以便捷找到纸书、电子书、有声书和各种声音产品；

● 你可以学会怎么读，你将发现集泛读、通读、精读于一体的阅读解决方案；

● 你会与作者、译者、专家、推荐人和阅读教练相遇，他们是优质思想的发源地；

● 你会与优秀的读者和终身学习者为伍，他们对阅读和学习有着持久的热情和源源不绝的内驱力。

下载湛庐阅读 App，
坚持亲自阅读，
有声书、电子书、阅读服务，
一站获得。

CHEERS

本书阅读资料包
给你便捷、高效、全面的阅读体验

本书参考资料

- ☑ 参考文献
  为了环保、节约纸张，部分图书的参考文献以电子版方式提供

- ☑ 主题书单
  编辑精心推荐的延伸阅读书单，助你开启主题式阅读

- ☑ 图片资料
  提供部分图片的高清彩色原版大图，方便保存和分享

相关阅读服务

- ☑ 电子书
  便捷、高效，方便检索，易于携带，随时更新

- ☑ 有声书
  保护视力，随时随地，有温度、有情感地听本书

- ☑ 精读班
  2~4周，最懂这本书的人带你读完、读懂、读透这本好书

- ☑ 课　程
  课程权威专家给你开书单，带你快速浏览一个领域的知识概貌

- ☑ 讲　书
  30分钟，大咖给你讲本书，让你挑书不费劲

湛庐编辑为你独家呈现
助你更好获得书里和书外的思想和智慧，请扫码查收！

（阅读资料包的内容因书而异，最终以湛庐阅读App页面为准）

湛庐阅读 App

思想者的声音图书馆

倡导亲自阅读

不逐高效, 提倡大家亲自阅读, 通过独立思考领悟一本书的妙趣, 把思想变为己有。

阅读体验一站满足

不只是提供纸质书、电子书、有声书, 更为读者打造了满足泛读、通读、精读需求的全方位阅读服务产品 —— 讲书、课程、精读班等。

以阅读之名汇聪明人之力

第一类是作者, 他们是思想的发源地; 第二类是译者、专家、推荐人和教练, 他们是思想的代言人和诠释者; 第三类是读者和学习者, 他们对阅读和学习有着持久的热情和源源不绝的内驱力。

CHEERS

以一本书为核心

遇见书里书外，更大的世界

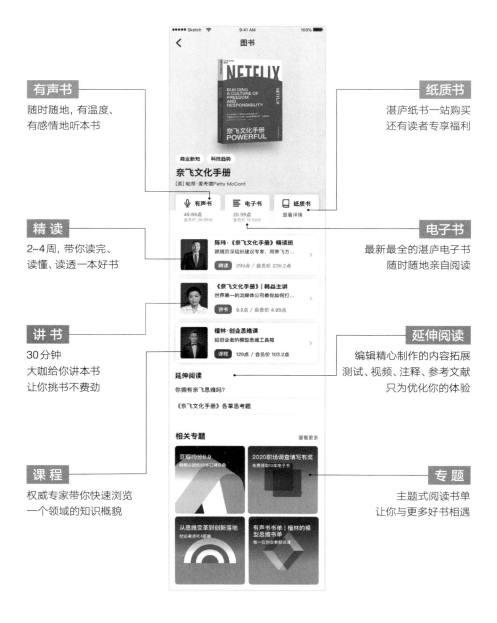

有声书

随时随地，有温度、
有感情地听本书

精 读

2~4周，带你读完、
读懂、读透一本好书

讲 书

30分钟
大咖给你讲本书
让你挑书不费劲

课 程

权威专家带你快速浏览
一个领域的知识概貌

纸质书

湛庐纸书一站购买
还有读者专享福利

电子书

最新最全的湛庐电子书
随时随地亲自阅读

延伸阅读

编辑精心制作的内容拓展
测试、视频、注释、参考文献
只为优化你的体验

专 题

主题式阅读书单
让你与更多好书相遇

图书在版编目（CIP）数据

万物的古怪秩序 / （葡）安东尼奥·达马西奥著 ;
李恒威译. — 杭州 : 浙江教育出版社, 2020.5（2024.1重印）
　　ISBN 978-7-5722-0165-3

　Ⅰ. ①万… Ⅱ. ①安… ②李… Ⅲ. ①自然科学—普
及读物 Ⅳ. ①N49

中国版本图书馆CIP数据核字(2020)第064853号

上架指导：心理学 / 脑科学

浙 江 省 版 权 局
著作权合同登记号
图字 :11-2019-379号

万物的古怪秩序
WANWU DE GUGUAI ZHIXU

［葡］安东尼奥·达马西奥　著
李恒威　译

责任编辑： 高露露　洪　滔
美术编辑： 韩　波
封面设计： ablackcover.com
责任校对： 刘晋苏
责任印务： 曹雨辰

出版发行： 浙江教育出版社（杭州市天目山路 40 号）
印　　刷： 石家庄继文印刷有限公司
开　　本： 710mm ×965mm 1/16
印　　张： 15　　　　　　　　　　**字　　数：** 214 千字
版　　次： 2020 年 5 月第 1 版　　　**印　　次：** 2024 年 1 月第 2 次印刷
书　　号： ISBN 978-7-5722-0165-3　　**定　　价：** 79.90 元

如发现印装质量问题，影响阅读，请致电 010-56676359 联系调换。